パソコンの仕組みの絵本

パソコンの実力がわかる9つの扉

（株）アンク 著

SHOEISHA

翔泳社 ecoProject のご案内

株式会社 翔泳社では地球にやさしい本づくりを目指します。
制作工程において以下の基準を定め、このうち4項目以上を満たしたものをエコロジー製品と位置づけ、シンボルマークをつけています。

資材	基準	期待される効果	本書採用
装丁用紙	無塩素漂白パルプ使用紙 あるいは 再生循環資源を利用した紙	有毒な有機塩素化合物発生の軽減（無塩素漂白パルプ）資源の再生循環促進（再生循環資源紙）	○
本文用紙	材料の一部に無塩素漂白パルプ あるいは 古紙を利用	有毒な有機塩素化合物発生の軽減（無塩素漂白パルプ）ごみ減量・資源の有効活用（再生紙）	○
製版	CTP（フィルムを介さずデータから直接プレートを作製する方法）	枯渇資源（原油）の保護、産業廃棄物排出量の減少	○
印刷インキ*	大豆インキ（大豆油を20%以上含んだインキ）	枯渇資源（原油）の保護、生産可能な農業資源の有効利用	○
製本メルト	難細裂化ホットメルト	細裂化しないために再生紙生産時に不純物としての回収が容易	○
装丁加工	植物性樹脂フィルムを使用した加工 あるいは フィルム無使用加工	枯渇資源（原油）の保護、生産可能な農業資源の有効利用	

＊：パール、メタリック、蛍光インキを除く

本書内容に関するお問い合わせについて

本書に関するご質問、正誤表については、下記のWebサイトをご参照ください。

　　正誤表　　　　http://www.shoeisha.co.jp/book/errata/
　　刊行物Q&A　　http://www.shoeisha.co.jp/book/qa/

インターネットをご利用でない場合は、FAXまたは郵便で、下記にお問い合わせください。
　　〒160-0006　東京都新宿区舟町5
　　（株）翔泳社 愛読者サービスセンター
　　FAX番号：03-5362-3818

電話でのご質問は、お受けしておりません。

※本書に記載されたURL等は予告なく変更される場合があります。
※本書の出版にあたっては正確な記述につとめましたが、著者や出版社などのいずれも、本書の内容に対してなんらかの保証をするものではなく、内容やサンプルに基づくいかなる運用結果に関してもいっさいの責任を負いません。
※本書に掲載されているサンプルプログラムやスクリプト、および実行結果を記した画面イメージなどは、特定の設定に基づいた環境にて再現される一例です。
※本書に記載されている会社名、製品名はそれぞれ各社の商標および登録商標です。

はじめに

　今やパソコンは、会社、学校、日々の生活など、さまざまなシーンで必需品となっています。小型で低価格のパソコンも増え、一家に一台、もしくは一人に一台パソコンを所有していることも珍しくなくなりました。本書は、そうしたパソコンのしくみを知るための入門書です。

　最近のパソコンはとても使いやすく、日常的に使うぶんには特別な知識をあまり必要としません。そのため、パソコンはどのようなパーツから出来ているのか、自分のパソコンの中はどのような構造になっているのか、知らないままで利用している方もいらっしゃるのではないでしょうか。本書は、そんな方々に、パソコンの基本的なしくみを知ってもらうことを目的としています。もちろん、複雑な装置が集まってできているパソコンのしくみを、すべて理解するのは簡単なことではありませんし、本書1冊で網羅できるものでもありません。そこで本書では、みなさんにぜひ知っておいていただきたい点を厳選してまとめました。とくに、パソコンに関する量と単位については、具体的に実感してもらえるようにしました。そして、どれくらい大きいのか、どれくらい速いのかといったパソコンの性能をすこしでもイメージしやすいよう、イラストをふんだんに使って解説しています。

　また、プリンタやスキャナなどパソコンと一緒に利用される、おもな周辺機器についても取り上げました。パソコンを構成する基本的なものをひととおりまとめ、楽しく知ることができる1冊になっています。本書を読み終えるころには、専門用語の並んだカタログも、今より読みやすくなっていることでしょう。

　本書が、パソコンをより身近なものに感じ、パソコンへの理解を深めるお役にたてれば幸いです。

2010年8月　著者記す

≫ 本書の特徴

- 本書は見開き2ページで1つの話題を完結させ、イメージがばらばらにならないように配慮しています。また、あとで必要な部分を探すのにも有効にお使いいただけます。
- 各トピックでは、難解な説明文は極力少なくし、難しい技術であってもイラストでイメージがつかめるようにしています。詳細な事柄よりも全体像をつかむことを意識しながら読みすすめていただくと、より効果的にお使いいただけます。
- 本書は特にことわりのない限り、デスクトップパソコンかノートパソコンかを限定しない内容を心がけていますが、内容によってはデスクトップパソコンを基準として紹介していることもありますのでご了承ください。

≫ 対象読者

本書は、パソコンのしくみをはじめて学ぶ方はもちろん、すこし知ってはいるけれどあらためて基本を学び直してみたいという方にもおすすめします。

【その他】

・本文中の用語はなるべく一般的なものを採用しましたが、メーカーや使われる状況によって異なることもあります。
・また、各部品や各装置の形状は、メーカーや型番によって異なることがあります。

もくじ

パソコンのしくみの勉強をはじめる前に‥‥‥‥ ix
- コンピュータとは‥‥‥‥‥‥‥‥‥‥‥‥‥‥‥‥ ix
- コンピュータの構成要素‥‥‥‥‥‥‥‥‥‥‥‥‥ x
- コンピュータの形態‥‥‥‥‥‥‥‥‥‥‥‥‥‥‥ xi
- パソコンを開けてみる‥‥‥‥‥‥‥‥‥‥‥‥‥‥ xiii
- 筐体とマザーボード／電源の規格‥‥‥‥‥‥‥‥‥ xiv
- どうやって動くのか‥‥‥‥‥‥‥‥‥‥‥‥‥‥‥ xvii
- ビットとバイト‥‥‥‥‥‥‥‥‥‥‥‥‥‥‥‥‥ xix
- 補助単位‥‥‥‥‥‥‥‥‥‥‥‥‥‥‥‥‥‥‥‥ xxi
- コンピュータ用語の表記‥‥‥‥‥‥‥‥‥‥‥‥‥ xxii

第1章　CPUとチップセット‥‥‥‥‥‥‥ 1
- 第1章はここがKey！‥‥‥‥‥‥‥‥‥‥‥‥‥‥ 2
- CPUとは‥‥‥‥‥‥‥‥‥‥‥‥‥‥‥‥‥‥‥ 4
- CPUの中味‥‥‥‥‥‥‥‥‥‥‥‥‥‥‥‥‥‥ 6
- CPUを構成する要素‥‥‥‥‥‥‥‥‥‥‥‥‥‥ 8
- CPUのビット数‥‥‥‥‥‥‥‥‥‥‥‥‥‥‥‥ 10
- クロック‥‥‥‥‥‥‥‥‥‥‥‥‥‥‥‥‥‥‥‥ 12
- CPUの速さ‥‥‥‥‥‥‥‥‥‥‥‥‥‥‥‥‥‥ 14
- 高速化の技術‥‥‥‥‥‥‥‥‥‥‥‥‥‥‥‥‥‥ 16
- CPUの発熱‥‥‥‥‥‥‥‥‥‥‥‥‥‥‥‥‥‥ 18
- チップセットとは‥‥‥‥‥‥‥‥‥‥‥‥‥‥‥‥ 20
- 代表的なCPUとチップセット（1）‥‥‥‥‥‥‥‥ 22
- 代表的なCPUとチップセット（2）‥‥‥‥‥‥‥‥ 24
- コラム～その他のCPUのビット数～‥‥‥‥‥‥‥ 26

第2章　メモリ …………………………… 27

- 第2章はここがKey！ ………………………………… 28
- メモリとは ……………………………………………… 30
- メモリの種類 …………………………………………… 32
- メモリの容量 …………………………………………… 34
- メモリの使用量 ………………………………………… 36
- コラム〜メモリを購入する際の注意〜 ……………… 38

第3章　ハードディスク ………………… 39

- 第3章はここがKey！ ………………………………… 40
- ハードディスクとは …………………………………… 42
- インターフェース ……………………………………… 44
- 回転数とキャッシュ …………………………………… 46
- ハードディスクの容量 ………………………………… 48
- データのサイズ（1） …………………………………… 50
- データのサイズ（2） …………………………………… 52
- コラム〜ハードディスク登場以前〜 ………………… 54

第4章　いろいろな記憶装置 …………… 55

- 第4章はここがKey！ ………………………………… 56
- コンパクトディスク …………………………………… 58
- 書き込み可能なCD …………………………………… 60
- DVD ……………………………………………………… 62
- 書き込み可能なDVD ………………………………… 64
- ブルーレイディスク …………………………………… 66
- 光ディスクドライブの種類 …………………………… 68
- コーデック ……………………………………………… 70
- 光ディスク以外の記憶装置 …………………………… 72
- コラム〜DiskとDisc〜 ……………………………… 74

第5章　ネットワークインターフェース ･･････ 75

- 第5章はここがKey！ ･･････････････････････････････ 76
- ネットワークインターフェースとは ･･････････････････ 78
- ネットワークケーブル ･･････････････････････････････ 80
- ネットワークへのつなぎかた ･･････････････････････････ 82
- 無線LAN ･･ 84
- ネットワークの速度 ････････････････････････････････ 86
- コラム～Bluetooth～ ･･････････････････････････････ 88

第6章　映像とサウンド ･･････････････････ 89

- 第6章はここがKey！ ･･････････････････････････････ 90
- ビデオカードとは ･････････････････････････････････ 92
- ディスプレイの種類 ････････････････････････････････ 94
- 描画できる色数と速度 ･･････････････････････････････ 96
- サウンドカード ････････････････････････････････････ 98
- オーディオインターフェース ･･････････････････････ 100
- スピーカー ････････････････････････････････････ 102
- 映像やサウンドの共有 ････････････････････････････ 104
- 用途別おすすめの機器 ････････････････････････････ 106
- コラム～液晶モニタの駆動方式～ ････････････････････ 108

第7章　入力と出力 ････････････････････ 109

- 第7章はここがKey！ ････････････････････････････ 110
- USB（1）･･ 112
- USB（2）･･ 114
- IEEE 1394 ･････････････････････････････････････ 116
- シリアルポートとパラレルポート ････････････････････ 118
- PCカード ･･････････････････････････････････････ 120
- キーボード ････････････････････････････････････ 122
- マウス ･･ 124

- ♪ その他のポインティングデバイス ・・・・・・・・・・・・・・・・・・・・ 126
  - コラム〜キーボードのキー配列〜 ・・・・・・・・・・・・・・・・・・・・ 128

第8章　プリンタ ・・・・・・・・・・・・・・・・・・・・・ 129

- ♪ 第8章はここがKey！ ・・・・・・・・・・・・・・・・・・・・・・・・・・・・ 130
- ♪ プリンタの種類 (1) ・・・・・・・・・・・・・・・・・・・・・・・・・・・・・・ 132
- ♪ プリンタの種類 (2) ・・・・・・・・・・・・・・・・・・・・・・・・・・・・・・ 134
- ♪ プリンタの解像度 ・・・・・・・・・・・・・・・・・・・・・・・・・・・・・・・ 136
- ♪ カラープリンタの発色 ・・・・・・・・・・・・・・・・・・・・・・・・・・・ 138
- ♪ プリンタの印刷速度 ・・・・・・・・・・・・・・・・・・・・・・・・・・・・・ 140
  - コラム〜A版、B版の話〜 ・・・・・・・・・・・・・・・・・・・・・・・・ 142

付録 ・・・・・・・・・・・・・・・・・・・・・・・・・・・・・・・・・・・・ 143

- ♪ イメージスキャナ ・・・・・・・・・・・・・・・・・・・・・・・・・・・・・・・ 144
- ♪ イメージスキャナの解像度 ・・・・・・・・・・・・・・・・・・・・・・・ 146
- ♪ PCカメラ (Webカメラ) ・・・・・・・・・・・・・・・・・・・・・・・・・ 148
- ♪ TVチューナーとビデオキャプチャ ・・・・・・・・・・・・・・・・ 150
- ♪ パソコン出来事表 ・・・・・・・・・・・・・・・・・・・・・・・・・・・・・・・ 152

索引 ・・・・・・・・・・・・・・・・・・・・・・・・・・・・・・・・・・・・ 156

パソコンのしくみの勉強をはじめる前に

コンピュータとは

コンピュータとは電子計算機のことで、あらかじめ決められた手順に従って、自動的に計算などの処理を行う機械の総称です。企業や研究機関で利用される大型の装置から、私たちが日ごろ利用しているパソコンや電卓など、現在ではさまざまな大きさ／形／機能のものが「コンピュータ」に含まれます。

一連の計算を自動的に処理させるコンピュータの概念は、19世紀初頭、イギリスの数学者チャールズ・バベッジにより作られました。彼が設計した装置は実現までには至りませんでしたが、その構想が評価され「コンピュータの父」と呼ばれています。

現在のコンピュータの原型は、1940年代のイギリスやアメリカから登場しました。当時のコンピュータは非常に大きなもので、たとえば、1946年にアメリカで完成したENIAC(エニアック)は総重量30トン、幅24m、高さ2.5m、奥行き0.9mの大きさがありました。

パーソナルコンピュータ（パソコン）という名前のとおり、個人での利用を想定した小型で低価格のコンピュータが作られるようになったのは、1970年代半ばのことです。ただし、当初はマイクロコンピュータを略してマイコンと呼ばれていました。

世に出始めた頃のパソコンは、スタンドアロンでの利用（ネットワークに接続せず、単独で利用する状態）が主でしたが、ネットワークの普及に伴い、ネットワーク上のさまざまなサービスを利用するための機器の役目も果たすようになります。そして、今やパソコンが私たちの生活に欠かせないものとなっていることは、みなさんもよくご存知のとおりです。

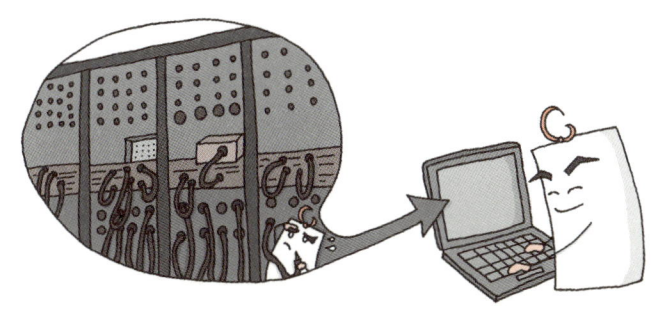

コンピュータの構成要素

　コンピュータといっても、その用途によって形態や能力はさまざまですが、入力された指示に従って自動的に処理を実行し、結果を出すという機能は共通しています。そのため、コンピュータを構成するしくみにも共通したものがあります。

　次にあげる5つの装置はコンピュータを構成する基本的な要素とされ、「**コンピュータの5大装置**」とも呼ばれています。5大装置は人間の持つ機能に例えることもできます。

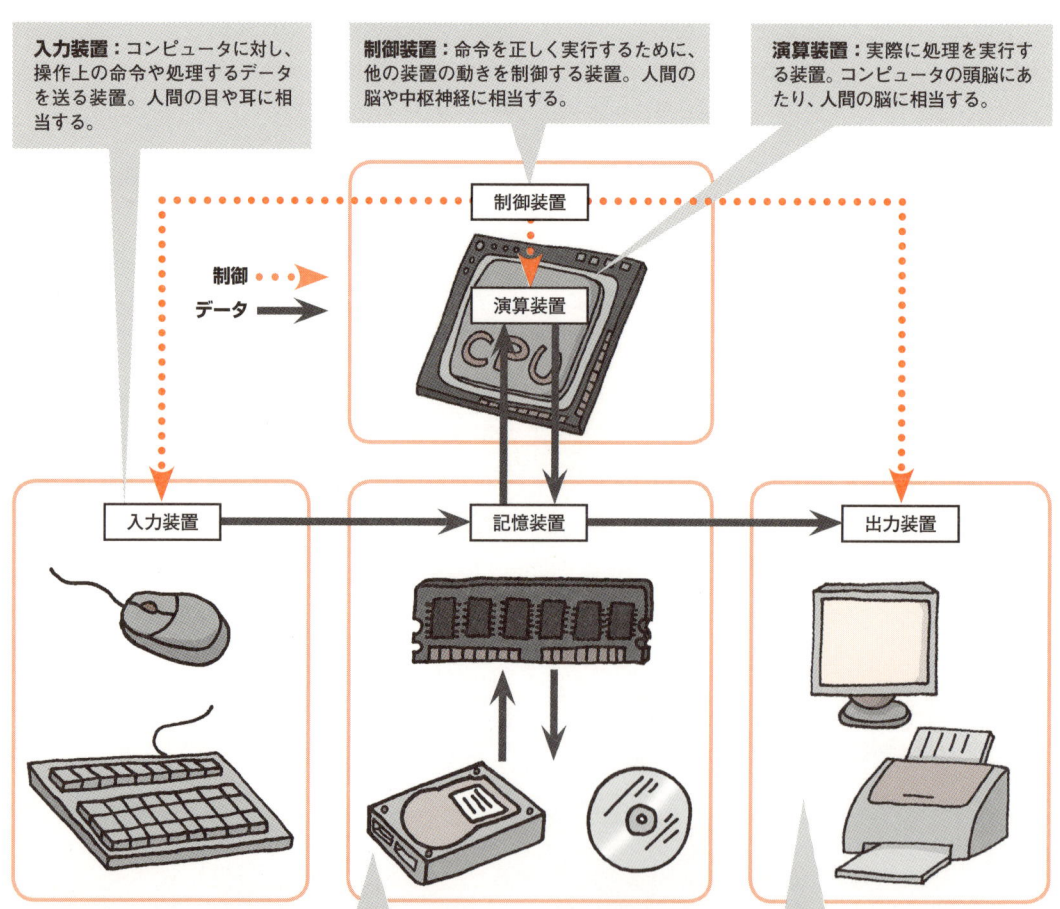

入力装置：コンピュータに対し、操作上の命令や処理するデータを送る装置。人間の目や耳に相当する。

制御装置：命令を正しく実行するために、他の装置の動きを制御する装置。人間の脳や中枢神経に相当する。

演算装置：実際に処理を実行する装置。コンピュータの頭脳にあたり、人間の脳に相当する。

記憶装置：入力された命令やプログラム、データ、処理した結果などを記憶／保存する装置。人間の記憶に相当する主記憶装置（メモリ）と、メモ用紙に相当する補助記憶装置（ハードディスク、DVDなど）とに大別される。

出力装置：操作上の命令に対する応答や処理した結果を、人間にわかる形でコンピュータから出力する装置。人間の口や手に相当する。

コンピュータの形態

次に、私たちが利用している「パソコン」の形態（外観）に着目してみます。パソコンといわれてみなさんが連想するものは、どのようなシルエットでしょうか。パソコンは、大きく**デスクトップ型**（デスクトップパソコン）と**ノートパソコン**に分けられます。

≫ デスクトップ型

デスクトップ型は、一つの場所に据え置いて使うことを前提としたパソコンです。ディスプレイ、キーボード、マウスなどが別になっていて、それぞれパソコン本体に接続して利用します。「操作性が良い」、パソコン本体のケース内部には比較的余裕があるため「必要な機能を追加しやすい」（これを**拡張性**といいます）、といったメリットがあります。

本体とディスプレイが一体化した一体型パソコンも、据え置いて使うという点でデスクトップ型に分類されます。

デスクトップパソコン

一体型パソコン

デスクトップ型とタワー型
　以前は、**本体が横置きタイプのものを「デスクトップ型」と呼び、縦置きタイプのものは「タワー型」と呼んで区別していました**。タワー型は大きさによってさらにフルタワー型、ミドルタワー型、ミニタワー型に分類できます。
　最近ではこれらのタワー型や、縦置きの省スペース型のものも含めて、デスクトップ型と呼ぶのが一般的になっています。

フルタワー　ミドルタワー　ミニタワー

パソコンのしくみの勉強をはじめる前に

≫ ノートパソコン

　これに対して、ノートパソコンは持ち運びが可能なように作られている薄型のパソコンです。パソコン本体とディスプレイ、キーボードが一体となっていて、バッテリー（電池）を内蔵しています。サイズは用紙のA4またはB5相当が一般的です。マウスポインタはおもにタッチパッドと呼ばれる平らな入力装置を指でなぞって操作しますが、マウスを接続して利用することもできます。

　最近では、インターネットの利用をおもな用途とすることで、さらに小型／軽量化と低価格化を図った**ネットブック（Net book）**と呼ばれる小型ノートパソコンも登場し、人気を呼んでいます。

　ちなみに、ノートパソコンとは和製英語です。世界的には「膝（ラップ）の上（トップ）でも使用できる」という意味で、**ラップトップ**と呼ばれるのが一般的です。

ノートパソコン

パソコンを開けてみる

では、実際にパソコンを開けて、おもな部品の配置を見てみましょう。パソコンの種類や形態によって多少の違いがありますが、おおよそ次の図のようになっています。

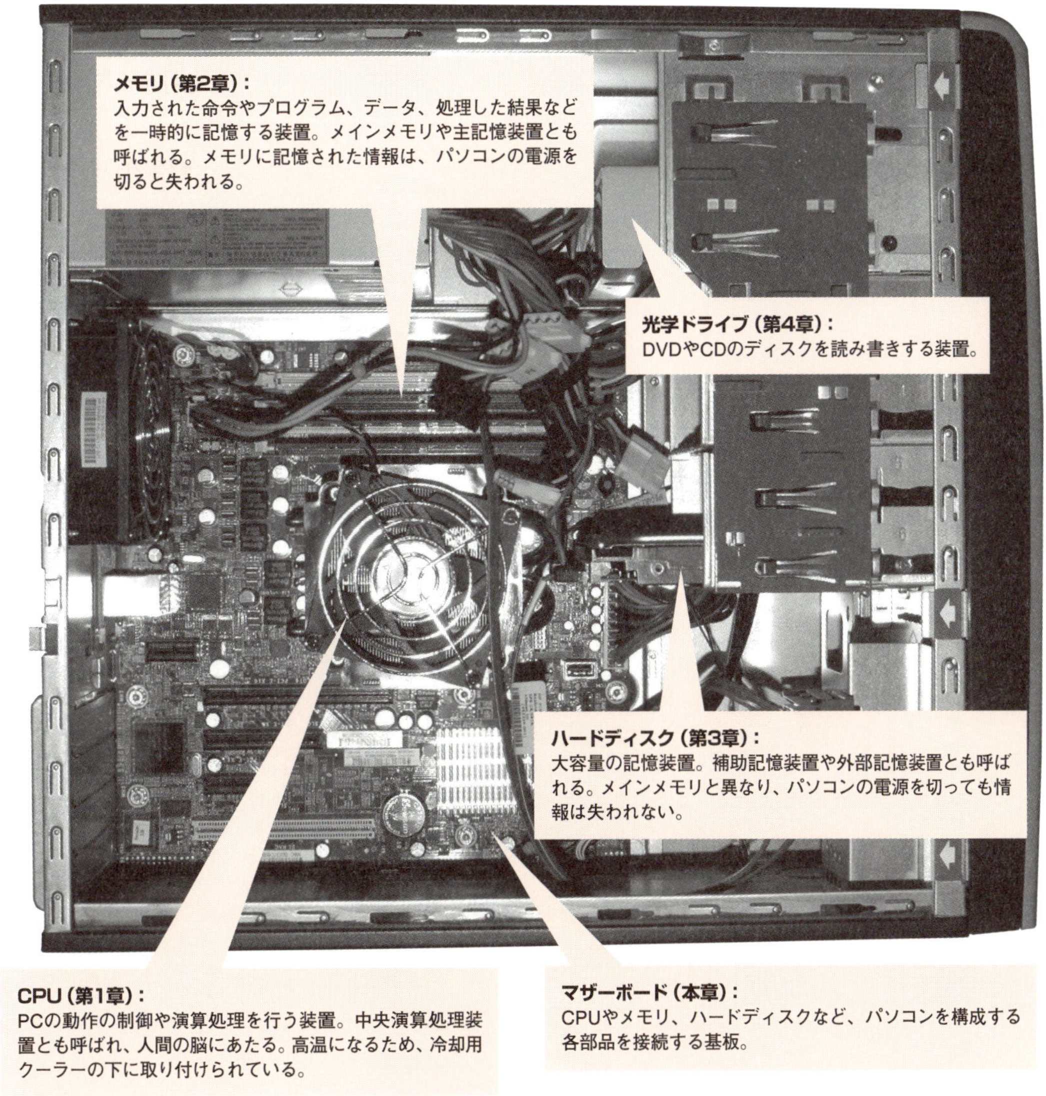

メモリ（第2章）：
入力された命令やプログラム、データ、処理した結果などを一時的に記憶する装置。メインメモリや主記憶装置とも呼ばれる。メモリに記憶された情報は、パソコンの電源を切ると失われる。

光学ドライブ（第4章）：
DVDやCDのディスクを読み書きする装置。

ハードディスク（第3章）：
大容量の記憶装置。補助記憶装置や外部記憶装置とも呼ばれる。メインメモリと異なり、パソコンの電源を切っても情報は失われない。

CPU（第1章）：
PCの動作の制御や演算処理を行う装置。中央演算処理装置とも呼ばれ、人間の脳にあたる。高温になるため、冷却用クーラーの下に取り付けられている。

マザーボード（本章）：
CPUやメモリ、ハードディスクなど、パソコンを構成する各部品を接続する基板。

筐体とマザーボード／電源の規格

　パソコンの部品を収納するパソコン本体のケースのことを**筐体**ともいいます。あらかじめ**電源ユニット**（電源供給用の装置）が付属しているものを除けば、空の箱になっていて、CD-ROMやハードディスクなどのドライブ類を取り付けるための**ベイ**（ドライブベイ）と呼ばれる場所が作られています。ベイには、ハードディスクドライブやフロッピーディスクドライブ用の3.5インチサイズのものと、光学ドライブ用の5インチサイズのものがあります（1インチは2.54cm）。また、3.5インチベイには、**シャドウベイ**と呼ばれる外から見えないものがあり、ハードディスクのようなディスクの入れ替えを必要としないドライブに使用します。

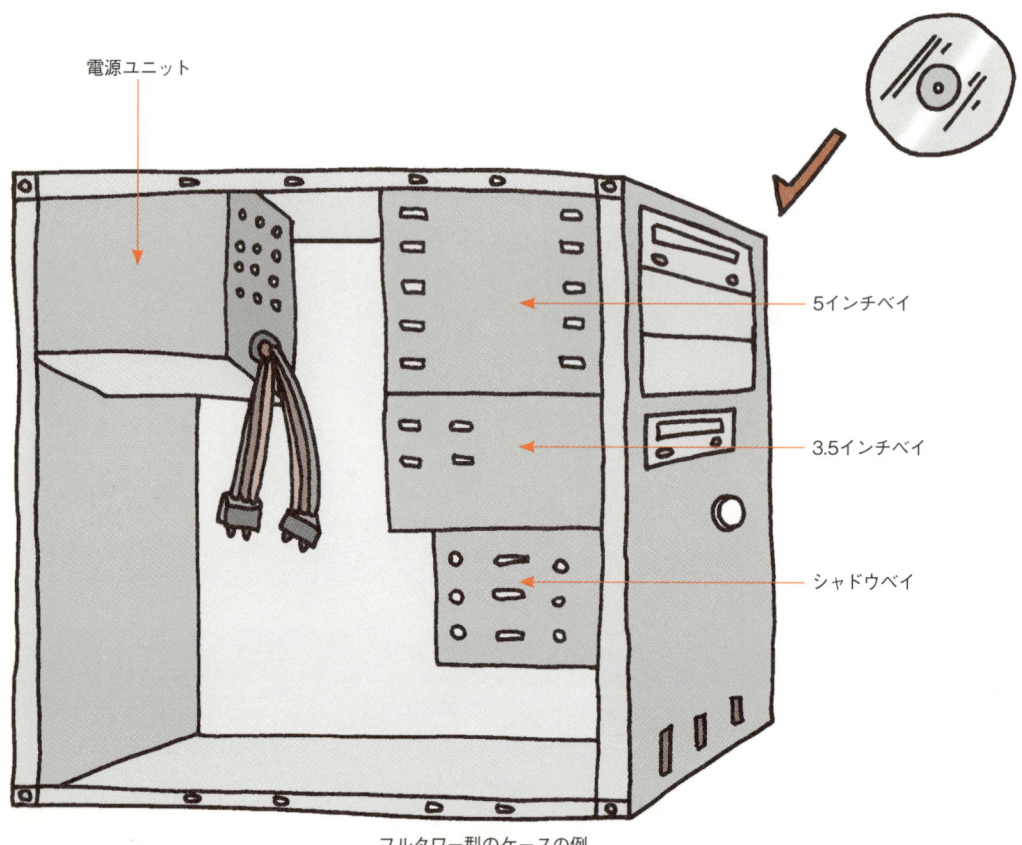

フルタワー型のケースの例

ケースの中に取り付けられている、一番大きな板状の部品が**マザーボード**です。パソコンを動作させるには数多くの部品が必要ですが、マザーボードはこれらの部品を接続し、データのやり取りや部品の制御を行うという、パソコンの中核としての役割を果たしています。マザーボード上にはデータの受け渡しを管理する**チップセット**（p.20）、各部品を装着するためのソケットやスロット、コネクタ、ポートなどが付いていて、パソコンを構成する部品はすべてこのマザーボードに直接、またはケーブルで接続されます。そのため、マザーボードの仕様によって利用できる部品がある程度決まります。また、部品の持つ性能をどこまで引き出せるかも、マザーボードに左右されます。同じ部品が搭載されていたとしても、マザーボードが異なればパソコンの性能も変わってくるのです。

さまざまな部品に共通した規格があるように、マザーボードにもサイズや部品の配置を定めた規格があります。現在普及している規格は、1995年に米国のIntel社が提唱した**ATX**、ATXを小型化した**MicroATX**、**FlexATX**、台湾のVIA Technologies社が開発した**Mini-ITX**などです。マザーボードを装着するケースは、これらいずれかの規格に対応するように設計されています。

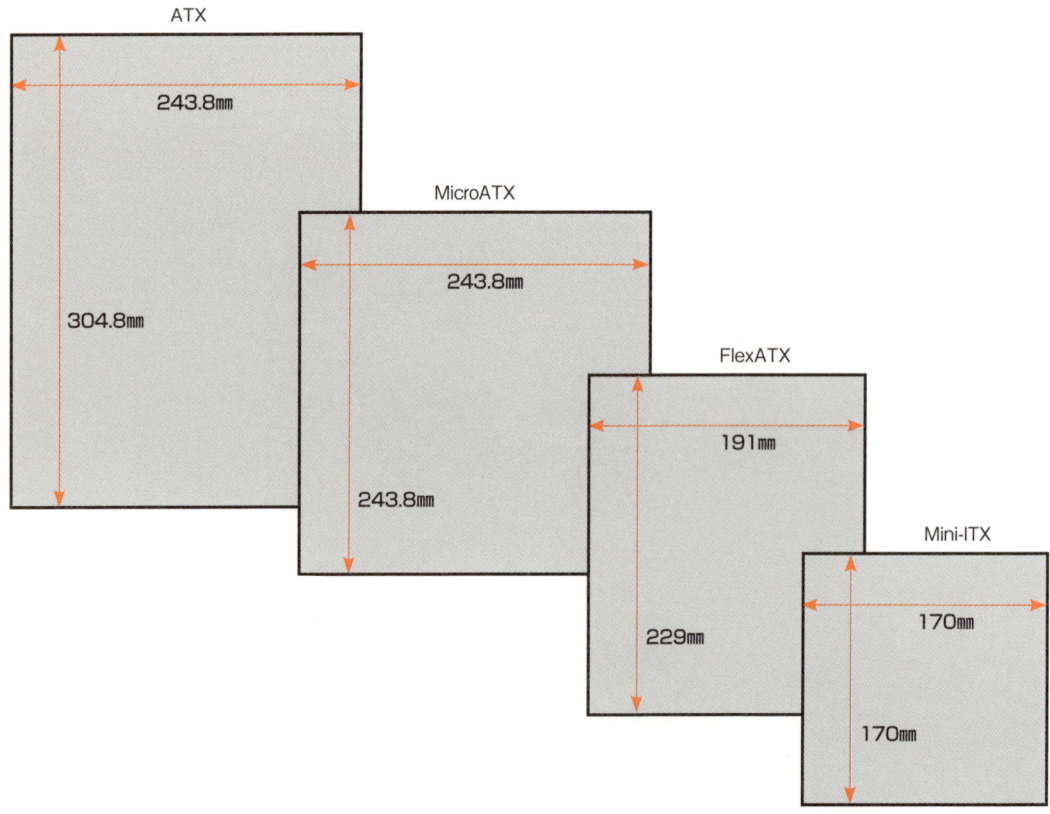

　1980年代前半～1990年代半ばのマザーボードの仕様は、IBM社のPC/AT機に使われていたものをベースにした**AT**が主流でした。その後、メーカーによって異なる仕様を統一しようと提唱された規格がATXです。また、マザーボードのATX規格とともに電源ユニットの規格も定められ、**ATX電源**と呼ばれています。

どうやって動くのか

　パソコンが動くには**ハードウェア**と**ソフトウェア**が必要です。それぞれ、ハード、ソフトとも呼ばれます。

　ハードウェアとは、パソコンに使われている部品やそれらを組み合わせた機器のことです。ディスプレイ、キーボード、マウス、前述のマザーボードやCPUなどはどれもハードウェアにあたります。ハードウェアは装置でしかないので、それだけでは動作しません。どのような手順でどのような処理を行うのかを、具体的に命令してやる必要があります。この命令の集まりを**プログラム**やソフトウェアと呼びます。

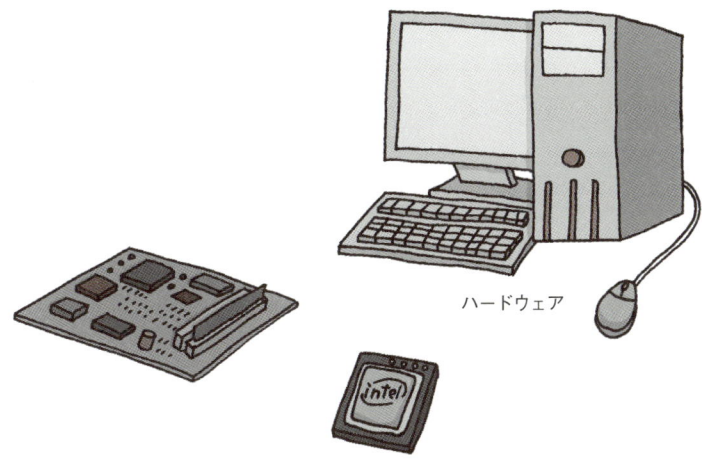
ハードウェア

　ソフトウェアは、役割によって基本ソフトウェア（オペレーティングシステム、OS）とアプリケーションとに大別されます。基本ソフトウェアは、パソコン全体を管理しパソコンが動くための土台を作るソフトで、最初にインストールします。

中に入っているのがソフトウェアです。

一方のアプリケーションは、文書作成や表計算、画像処理、ゲーム、Webサイトの閲覧、メールの送受信など、特定の目的のために作られたソフトです。Microsoft社のWordやExcelのように市販されているもののほか、ある企業の業務専用に開発されるもの、有志によって開発／配布されているものもあります。

　私たちがパソコンを使おうとするとき、まず電源を入れてWindowsやMac OSが起動するのを待ち、目当てのアプリケーションを起動させる、という操作を当たり前のように行っています。このとき私たちは意識しなくてもハードウェアとソフトウェアの両方を使っていることになります。

ビットとバイト

　パソコンの世界では、**ビット**や**バイト**という言葉が頻繁に出てきます。これはデータの大きさを表すために使われる単位です。

　パソコンでは、すべてのデータが**2進数**の数値で取り扱われています。私たちの日常生活では、0、1、2、3、……、9と数が増え、次に位が上がって10となる10進法を利用していますが、2進法はすべての数を0と1との組み合わせで表現する方法です。たとえば次のようになります。

10進数	0	1	2	3	4	5	6	7	8	9	10
2進数	0	1	10	11	100	101	110	111	1000	1001	1010

2進数の場合、
0はゼロ、1はイチ、
101なら「イチ、ゼロ、イチ」のように読みます。

　さまざまな用途に応じるパソコンでも、基本のしくみは電子回路に電流が流れているか流れていないかであり、この2種類の状態で物事を処理しています。この電流が流れていない状態、つまり「オフ」を0に、電流が流れている状態、つまり「オン」の状態を1に対応付けます。パソコンに入力されたデータはすべて0と1の数値に変換され、さらにオン、オフの電気信号に置き換えて処理されるのです。このオフ（0）かオン（1）かという2通りのデータを表すための単位を**ビット（bit）**といい、パソコンが扱うデータの最小の単位になります。ビットは2進数という意味のbinary digitの略です。

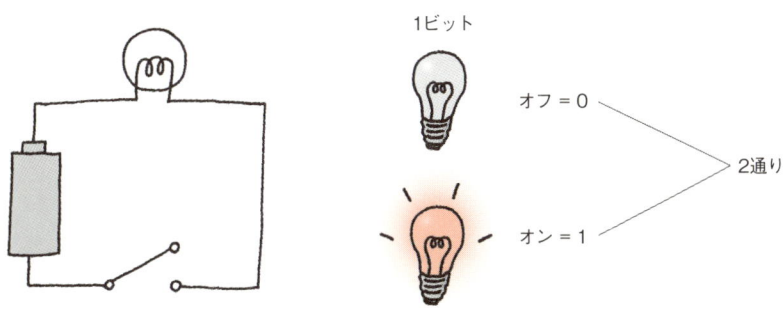

バイトとは、8ビットを1組にした情報量の単位です。1バイト＝8ビットなので、1バイトでは0か1が8個並んだ状態になり、256個（2の8乗）のデータを表せることになります。実際にパソコンが扱う情報は、バイト単位で表すことが多く、「B」と表記されます。

1バイト

$2^8 = 256$通り
（1バイトで0〜255のデータが表せる）

例

次のようなオン／オフの状態を2進数で表すと……。

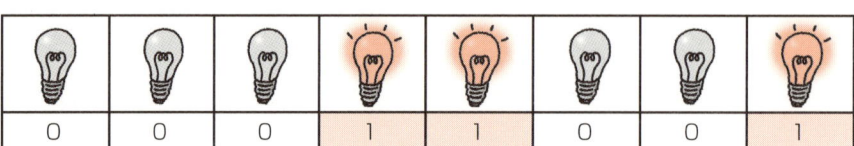

2進数では00011001になります。

上の数値を10進数に変換したい場合
　　$0×2^7 + 0×2^6 + 0×2^5 + 1×2^4 + 1×2^3 + 0×2^2 + 0×2^1 + 1×2^0$
　$=　0　　+0　　+0　　+16　+8　　+0　　+0　　+1$
　$=　25$
10進数では25になります。

私たちが普段使っている10進数の25は、2進数では00011001になるのですね。

パソコンのしくみの勉強をはじめる前に

補助単位

　最近のパソコンは高性能化が進み、扱えるデータの量が非常に大きくなっています。ビットやバイトだけで量を表そうとすると数値が大きくなりすぎるため、大きな量を示す補助単位を組み合わせて、わかりやすく表現します。たとえば、1Bの1024（2の10乗）倍は1KB、1KBの1024倍は1MBとなります。

b（ビット）	1b
B（バイト）	1B = 8b
K（キロ）	1KB = 1024B
M（メガ）	1MB = 1024KB（1,048,576B）
G（ギガ）	1GB = 1024MB（1,073,741,824B）
T（テラ）	1TB = 1024GB（1,099,511,627,776B）

パソコンにとって1000倍はキリが悪いので、2のべき乗である1024倍が使われるようになりました。

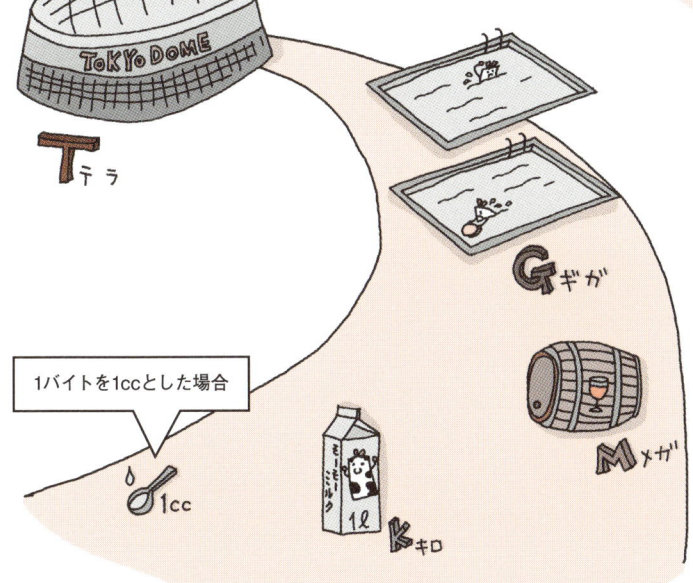

　こうした単位は、おもにメモリ、ハードディスクのような記憶装置の容量を表すために用いられます。

コンピュータ用語の表記

　ところで、パソコンを含むコンピュータに関係する用語では、「コンピューター」を「コンピュータ」、「プリンター」を「プリンタ」、のように語尾の長音を付けずに表記する傾向があります。

長音あり	長音なし
コンピューター	コンピュータ
プリンター	プリンタ
サーバー	サーバ
スキャナー	スキャナ
フォルダー	フォルダ

　これらはどちらが正しいのでしょうか。じつは、どちらかが正しくてどちらかが誤り、ということはないのです。

　JIS（日本工業規格）においては原則として、その言葉が3音以上の単語の場合には語尾に長音符号を付けず、2音以下の単語の場合には語尾に長音符号を付けることになっています。一方、1991年6月28日の内閣告示第二号『外国語の表記』では、長音は原則として長音符号「ー」を用いて書くことになっていて、英語の語末の-er、-or、-arなどにあたるものは、原則としてア列の長音とし長音符号「ー」を用いて書き表すこととされています。ただし、「コンピューター」を「コンピュータ」、「エレベーター」を「エレベータ」のように、慣用に応じて「ー」を省くことができるともされています。つまり、この告示によれば、原則的には「コンピューター」と表記しますが、「コンピュータ」と表記してもよいということになります。

　実際にはこうしたきまりはあくまでも目安であり、最終的な表記方法は各社が独自に決めているようです。Windows OSでおなじみのMicrosoft社は、以前は語尾の長音を付けない表記方法（コンピュータ、サーバなど）をとっていました。しかし、2008年7月に、以降の同社の製品やサービスにおいては上記内閣告示第二号に原則準拠する表記に順次移行することを発表し、より発音に近い表記が採用されるようになっています。

　本書では「コンピュータ」「プリンタ」のように、語尾の長音を付さない表記法をおもに用います。

CPUとチップセット 1

第1章

CPUってどういうものだろう

　CPUはCentral Processing Unitの略で、「中央演算処理装置」や「中央処理装置」などと訳されます。マウスやキーボードのような入力装置、メモリやハードディスクといった記憶装置からデータを受け取って演算を行ったり、ほかの装置の動きを制御したりする役目を持っています。人間でいえば脳や中枢神経に相当する部分です。1章ではこのCPUのしくみを見ていきます。

　CPUは、膨大な数のトランジスタが集積された**ダイ**という小さな半導体チップを、パッケージで覆って保護したものです。このダイの部分は、CPUの中核であることからコアと呼ばれます。1つのパッケージに搭載されるコアの数を示すコア数は、CPUの性能を比較するひとつの基準です。コアが1つの**シングルコアCPU**では頭脳が1つだけですが、複数のコアを搭載する**マルチコアCPU**ではコアの数だけ頭脳を持つことになります。マルチコアCPUは各コアがそれぞれ並行して処理を進めることで、効率よく高速に処理が行えるため、最近のパソコンに搭載されるCPUは、このマルチコアCPUが主流になっています。

　これとは別に、**32ビットCPU**や**64ビットCPU**といった言葉も見聞きしたことがあるのではないでしょうか。この32ビットや64ビットは、CPUが持つデータの伝送路（バス）が一度に送れるデータの量を示したものです。ビット数が大きければ、CPUはそれだけ多くのデータを読み込んで処理できるようになります。4ビット、8ビット、16ビットの時代を経たのち、1980年代半ば以降は32ビットCPUが主流でしたが、最近では64ビットCPUが普及しつつあります。

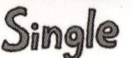

Topics 処理のテンポを合わせる

　CPUはパソコンの頭脳として、ほかの各装置とデータのやりとりを行ないます。このとき、各装置で動作の速度が異なっていると、ある装置ではデータが滞ったり、ある装置では逆に処理の待ち時間が発生したりして、スムーズにやりとりができません。そこで、マザーボード上のクロックジェネレータという部品が、各装置の動作の基準となる信号を発振します。この信号を**クロック**、1秒間にクロックが発生する回数を**クロック周波数**といい、このクロック周波数によって各装置が動作する速度が決まります。ただし、特に高速な処理が必要なCPUは、ほかの装置よりも何倍にも高速化したクロック周波数に合わせて動作するしくみになっています。CPUと各装置でやりとりされるデータの流れは**チップセット**と呼ばれる部品が管理しています。

　CPUの冷却装置についても見ておきましょう。CPUは動作中に非常に高い熱を発します。70～80度になるCPUもめずらしくはなく、製品によっては90度になるものもあります。こうした高熱による故障を防ぐために、CPUにはCPUクーラーが装着されています。

　パソコンの頭脳であるCPUを理解するには、たいへん多くの知識が必要ですが、本章を読むことで、基本となる知識を得られることでしょう。

CPUとは

CPUはパソコンの頭脳にあたる部分です。パソコンの基本的な性能はCPUで決まります。

CPUの役割

CPUとはCentral Processing Unit（中央演算処理装置）のことです。さまざまな計算処理を行ったり、各装置に指令を出して制御する役割を持っています。

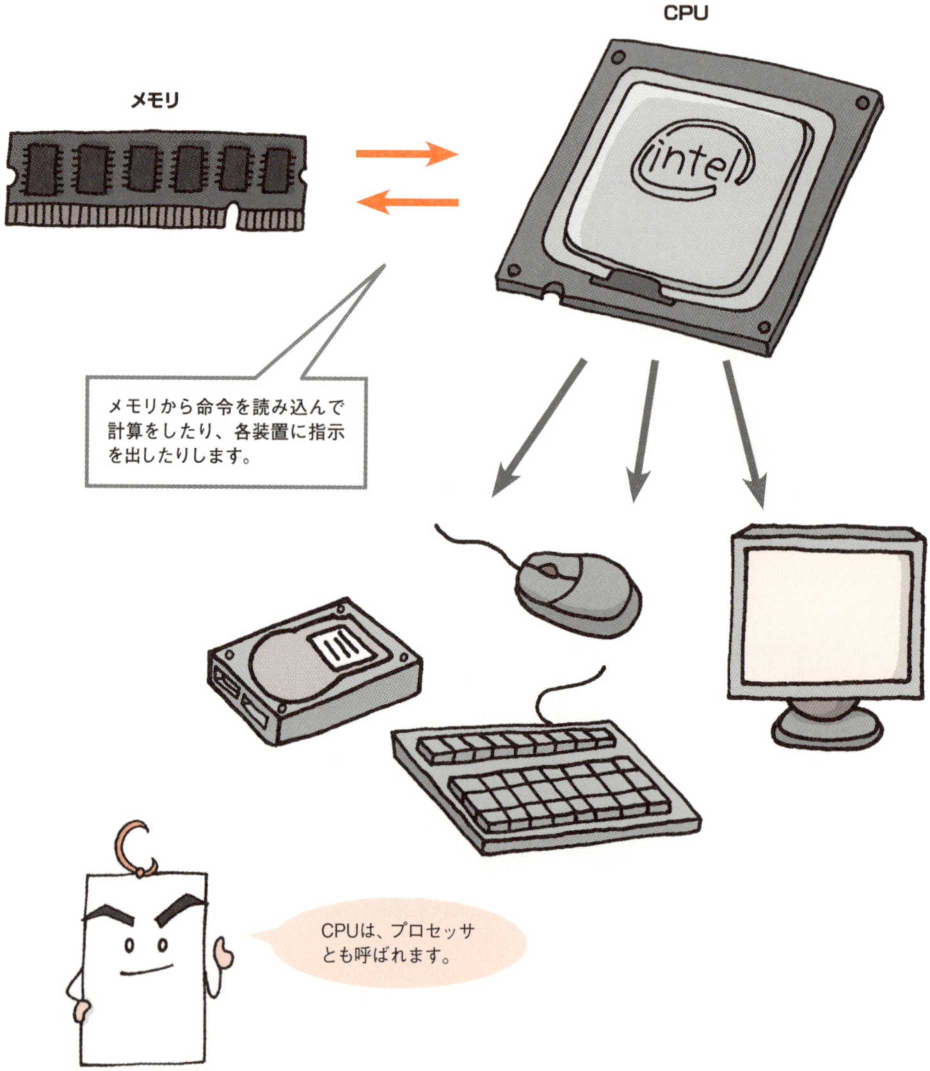

メモリ

CPU

メモリから命令を読み込んで計算をしたり、各装置に指示を出したりします。

CPUは、プロセッサとも呼ばれます。

演算のしくみ

コンピュータを動作させるために必要な命令はメモリに保存されていて、CPUはその内容を判別して実行していきます。このときCPUは、次のような一連の流れで処理を行なっています。

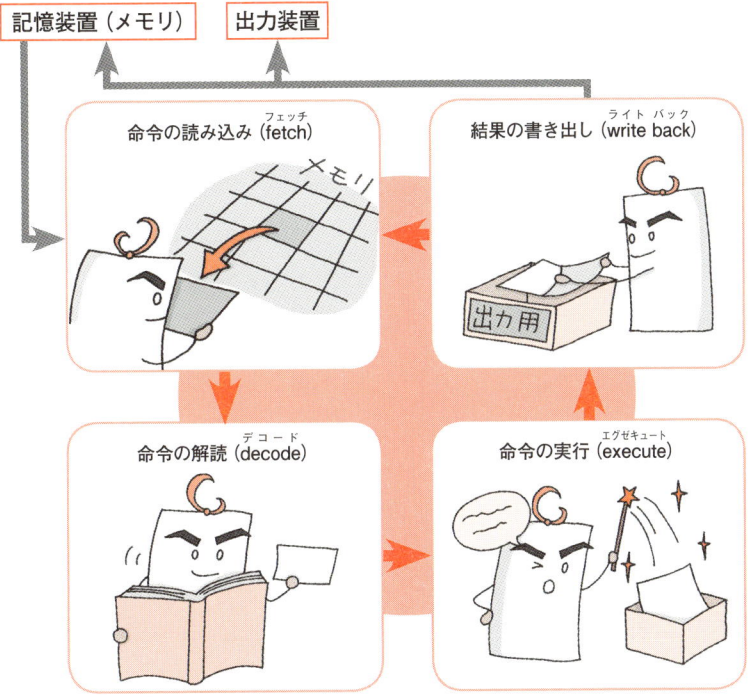

レジスタ

CPU内には、**レジスタ**という一時的な記憶装置があり、CPUが演算を行なったり、結果を書き出すときに利用されます。メインメモリと比べると容量は少ないですが、高速に動作します。

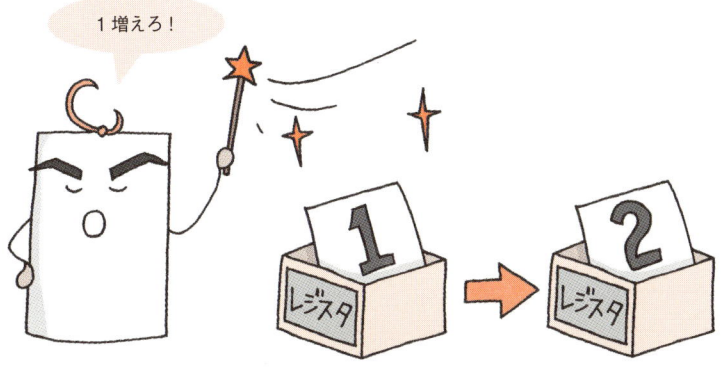

CPUの中味

CPUの製造に使われている技術を紹介します。

 トランジスタ

CPUは電子回路でできています。回路には抵抗やコンデンサなどいろいろな部品が使われますが、その中でも重要なのがスイッチとしての役割を持つ**トランジスタ**です。

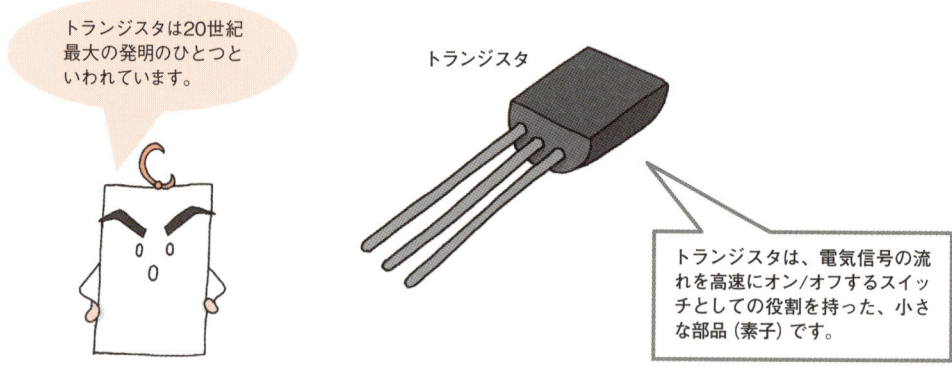

トランジスタは20世紀最大の発明のひとつといわれています。

トランジスタは、電気信号の流れを高速にオン/オフするスイッチとしての役割を持った、小さな部品（素子）です。

 IC

数多くのトランジスタを一つの基盤の上に集積して回路を作り、さまざまな機能を持たせた電子部品を、**IC**（Integrated Circuit：集積回路）や**チップ**といいます。

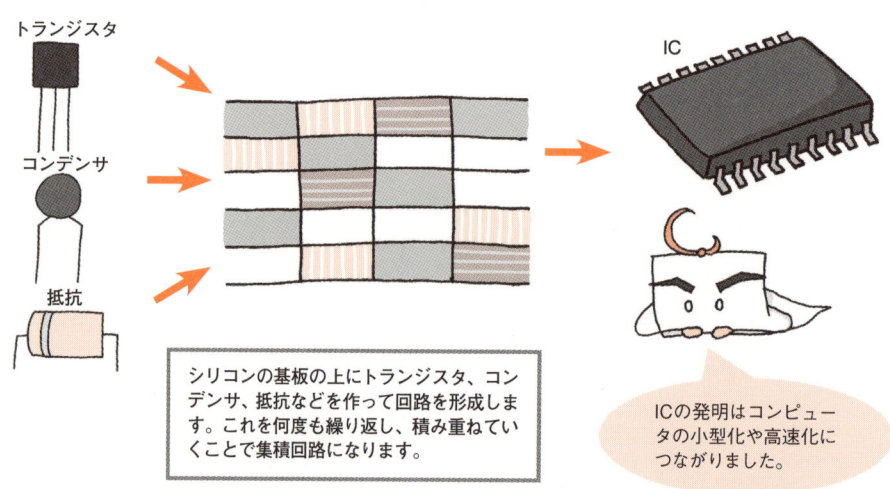

シリコンの基板の上にトランジスタ、コンデンサ、抵抗などを作って回路を形成します。これを何度も繰り返し、積み重ねていくことで集積回路になります。

ICの発明はコンピュータの小型化や高速化につながりました。

 LSI

LSIはLarge-Scale Integration（大規模集積回路）のことです。ICのうち素子の集積度が1000個〜10万個程度のものを指す言葉ですが、最近では、こうした区分はあまり使われなくなり、集積度にかかわらずLSIやICと総称されています。

名称	集積される素子の数
LSI	1000 個 〜 10 万個
VLSI	10 万個 〜 1000 万個
ULSI	1000 万個以上

集積度によって区分していた頃は、集積度が10万個を超えるものをVLSI（Very Large-Scale Integration）、1000万個を超えるものをULSI（Ultra Large-Scale Integration）と呼んでいました。

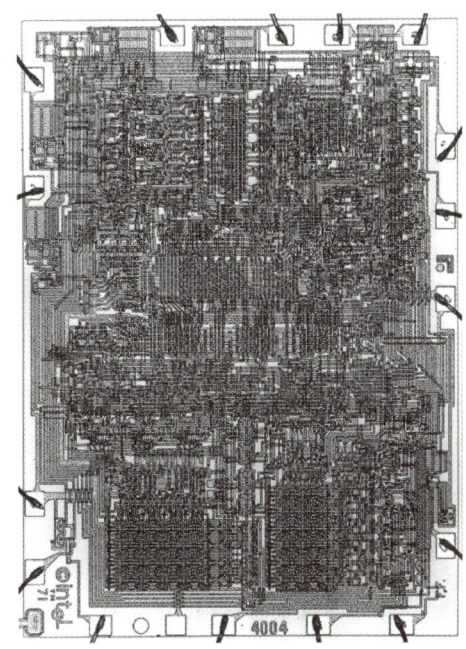

写真だけ見たら、何だかわからないくらい複雑ですね。

CPUを構成する要素

CPUは非常に複雑な装置ですが、おもに次の要素から成り立っています。

 コア

CPUの中核の部品を**コア**と呼びます。コアは何億個ものトランジスタや配線で回路を構成した、**ダイ**という半導体チップでできています。

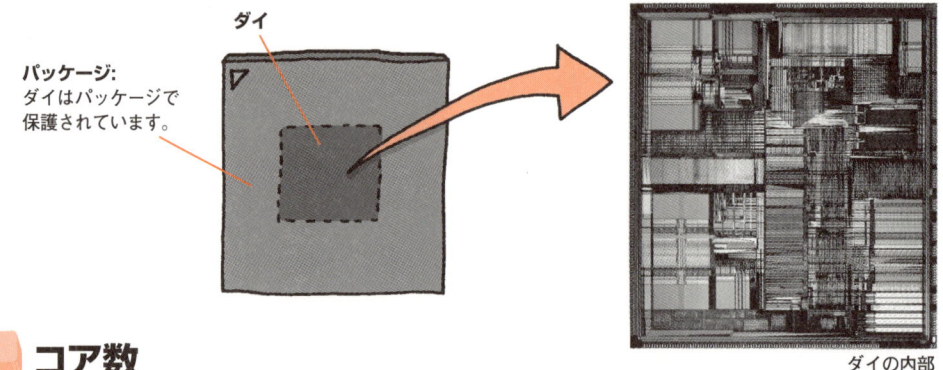

コア数

1つのパッケージに1つのコアを搭載したものを**シングルコアCPU**、2つのコアを搭載したものを**デュアルコアCPU**、4つのコアを搭載したものを**クアッドコアCPU**と呼びます。

P キャッシュメモリ

キャッシュメモリ（CPUキャッシュ）とは、CPUとメインメモリの間にあって高速に動作する記憶装置です。よく使うデータや命令をここに保存しておくことで、CPUは処理の遅いメインメモリとのやりとりを減らし、処理時間を短縮できます。

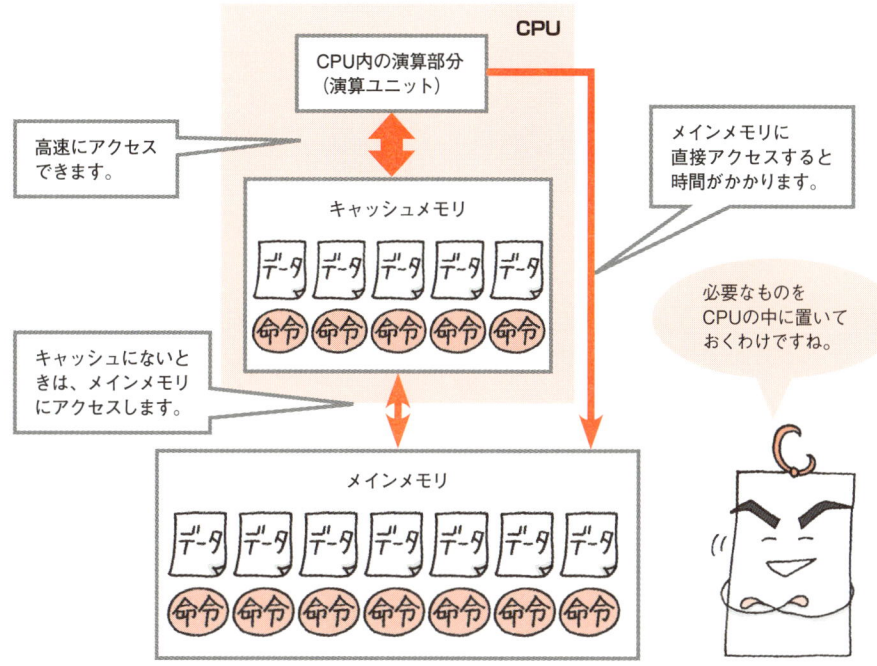

P 1次キャッシュと2次キャッシュ

キャッシュメモリには、CPUからのアクセス距離が短く、処理が高速な順に、**1次キャッシュメモリ**、**2次キャッシュメモリ**があります。

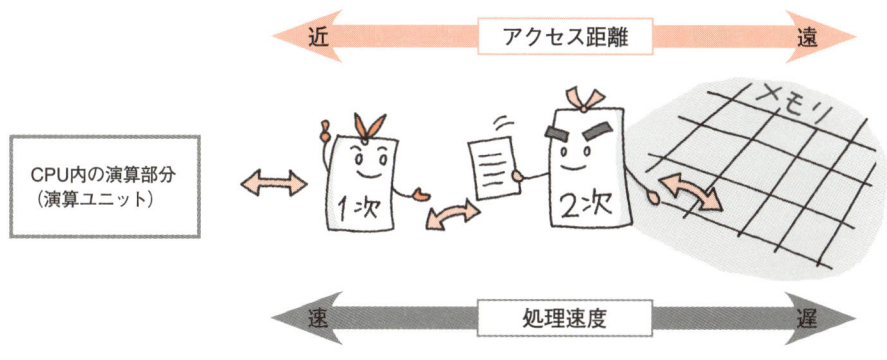

CPUのビット数

CPUの分類のひとつに、ビット数による分け方があります。

CPUのビット数

CPUのビット数は、1回の命令で処理できるデータの量を表しています。**バス**と呼ばれるデータの伝送路が、一度に送れるデータの量を示します。

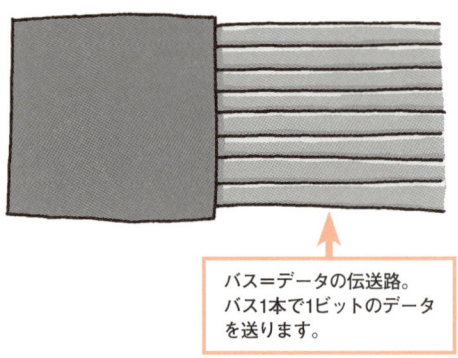

バス＝データの伝送路。バス1本で1ビットのデータを送ります。

ビット数が増えると……、

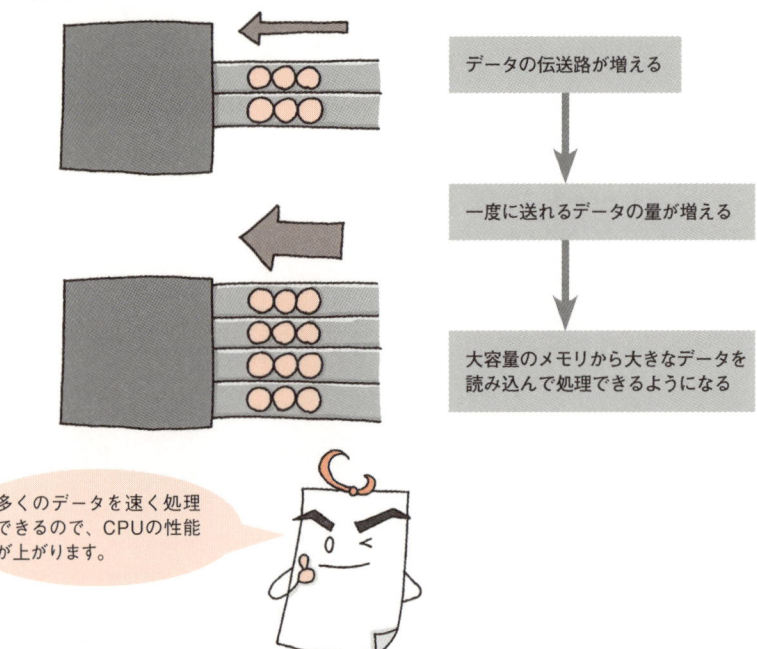

データの伝送路が増える

↓

一度に送れるデータの量が増える

↓

大容量のメモリから大きなデータを読み込んで処理できるようになる

多くのデータを速く処理できるので、CPUの性能が上がります。

32ビットCPUと64ビットCPU

現在おもに利用されているのは32ビットCPUですが、64ビットCPUも普及しつつあります。

≫ 32ビットCPU

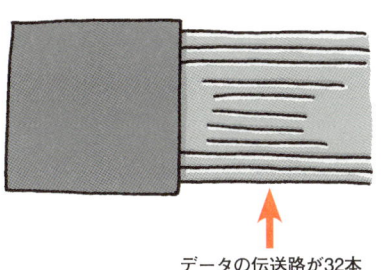

データの伝送路が32本

理論上最大4GBのメモリが扱えます。

≫ 64ビットCPU

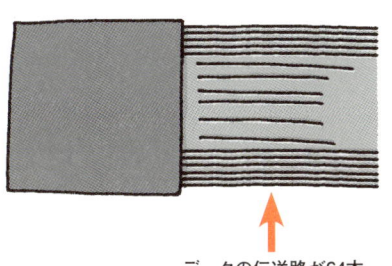

データの伝送路が64本

理論上最大約172億GBのメモリが扱えます。

扱えるメモリの量が格段に増えます。

扱えるメモリ量は、あくまで計算上での数値です。実際にはもっと少なくなります。

CPUのビット数

クロック

パソコンを構成する数多くの部品が、それぞれ別個に動いていたのでは困りますね。

■P コンピュータのクロック

パソコンの各装置の動作速度が異なると、データのやりとりが円滑に進みません。そこで動作のタイミングを合わせるために、クロックジェネレータという部品が基準となる信号（**クロック**）を発振します。

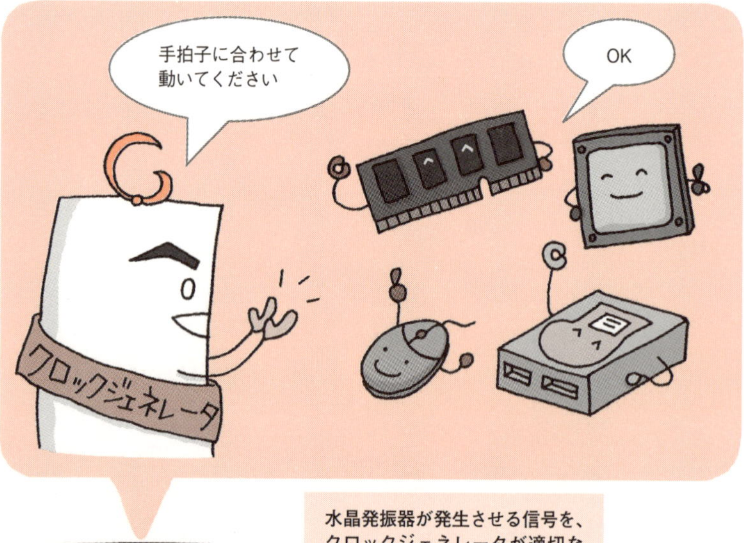

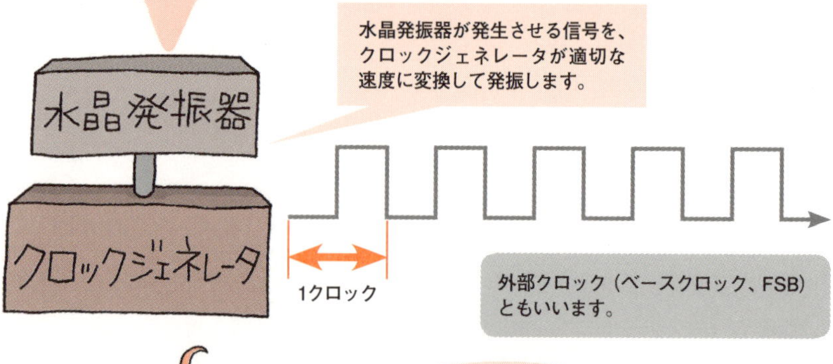

水晶発振器が発生させる信号を、クロックジェネレータが適切な速度に変換して発振します。

1クロック

外部クロック（ベースクロック、FSB）ともいいます。

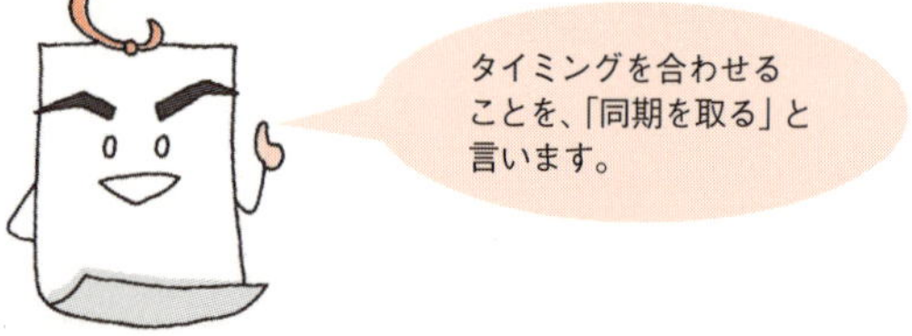

タイミングを合わせることを、「同期を取る」と言います。

P クロック周波数

1秒間にクロックの発生する回数が**クロック周波数**です。Hz（ヘルツ）という単位で表し、この値によって、装置の動作するスピードが決まります。クロック周波数が高ければそれだけ速く動作することになり、より多くの処理がこなせます。

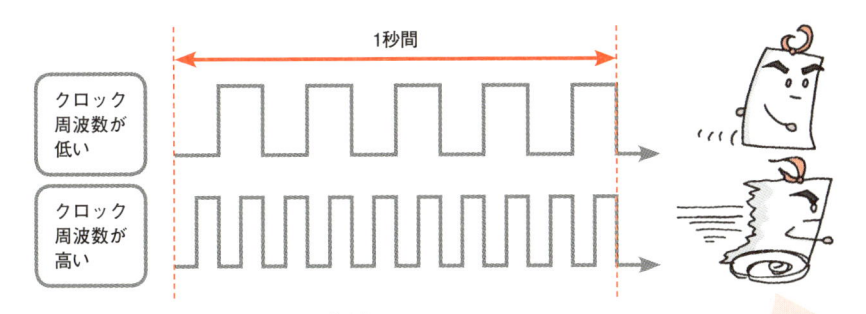

現在の外部クロックは、100MHz（メガヘルツ）または133MHzが基本です。

1MHzでは、1秒間に100万回、100MHzなら1億回、信号を発振します。

クロック周波数が高いほうが、動作するテンポが速いので、より多くの処理ができます。

P CPUのクロック周波数

CPUでは非常に高速な処理が必要です。そのため、外部クロックをCPU内部で何倍かに高速化させ、このクロックに合わせて動作させるしくみをとっています。このクロックのことを**内部クロック**（**CPUクロック**）といいます。

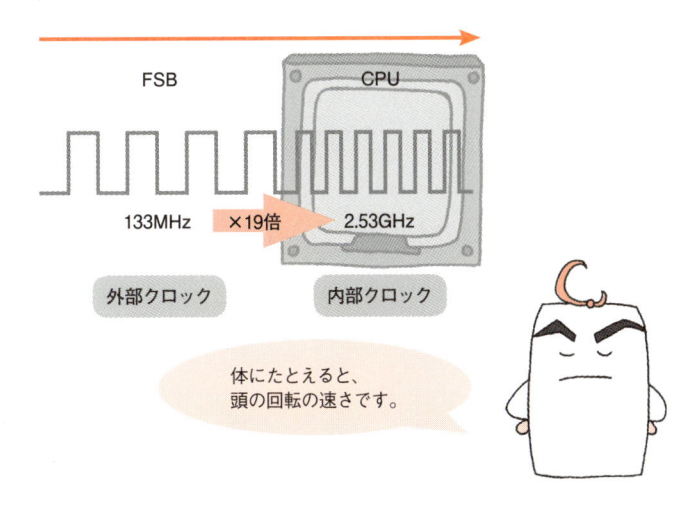

FSB 133MHz ×19倍 CPU 2.53GHz
外部クロック　内部クロック

体にたとえると、頭の回転の速さです。

CPUの速さ

パソコンの頭脳としてさまざまな計算処理を高速に行っているCPU。実際にはどのくらい速いのでしょうか。

どのくらい速いのか

CPUは1つの命令を、数**ナノ秒**というスピードで実行しています。

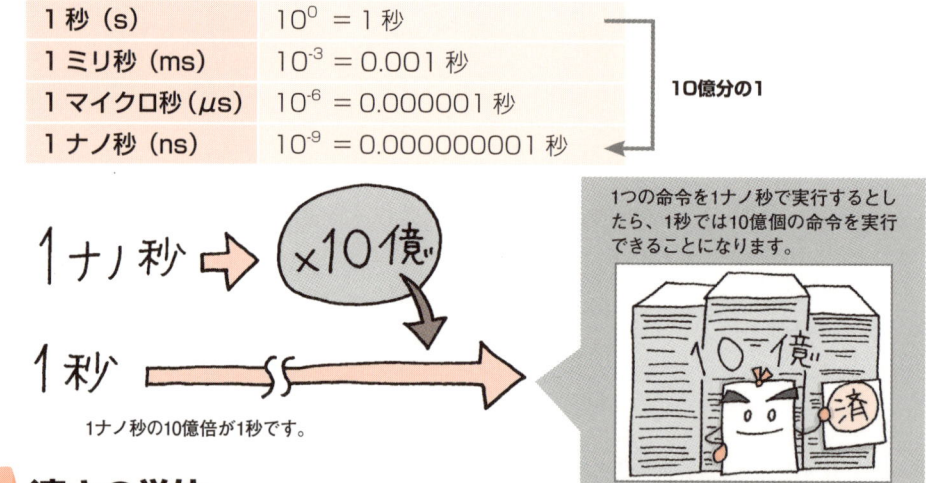

1秒（s）	10^0	$= 1$ 秒
1ミリ秒（ms）	10^{-3}	$= 0.001$ 秒
1マイクロ秒（μs）	10^{-6}	$= 0.000001$ 秒
1ナノ秒（ns）	10^{-9}	$= 0.000000001$ 秒

10億分の1

1ナノ秒 ➡ ×10億

1秒

1ナノ秒の10億倍が1秒です。

1つの命令を1ナノ秒で実行するとしたら、1秒では10億個の命令を実行できることになります。

速さの単位

CPUの速さの単位として、1秒間に実行できる命令数で表す方法があります。**MIPS**（ミップス）や**FLOPS**（フロップス）などが用いられます。これらはコンピュータの処理性能を示す単位として用いられます。

MIPS（Million Instructions Per Second：100万命令毎秒）

1秒間に命令が何回実行できるかを、100万単位で表したものです。
1MIPSは1秒間あたり100万回命令を実行できることを意味します。

例
※いずれもIntel社製CPU

CPU名	製造年	MIPS値
8086	1978年	0.3～0.7MIPS
Pentium 4	2000年	10000MIPS
Core 2 クアッドコア	2007年	56000MIPS

FLOPS（FLoating point number Operations Per Second：浮動小数点演算毎秒）

1秒間に浮動小数点演算（小数点を扱う演算）が何回実行できるかを表したものです。

🔑 結局のところCPUの速さは何で決まる？

CPUの処理速度は、ビット数、クロック周波数、命令の実行速度、コア数、p.16で説明する高速化の技術の有無など、さまざまな要因で決まります。どれかひとつの性能が高くても、必ず高速になるとはいえないのです。

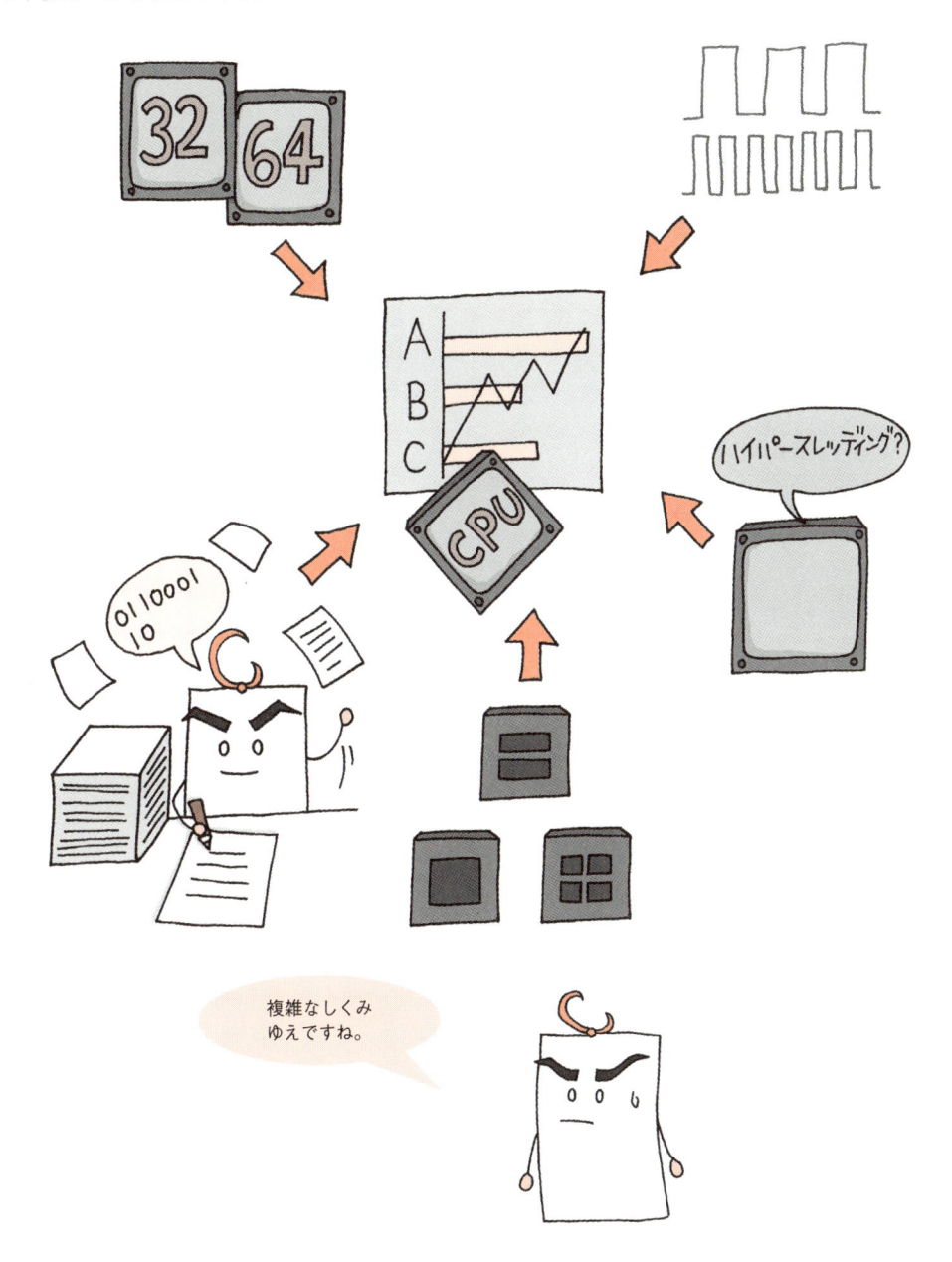

複雑なしくみ
ゆえですね。

CPU の速さ

高速化の技術

パソコンは常に、より高速な動作が求められます。高速化のための技術をいくつか紹介します。

基本の命令と拡張命令

CPUは命令に従って動作します。CPUを動作させるための基本的な命令の集まりを、**命令セット**といいます。

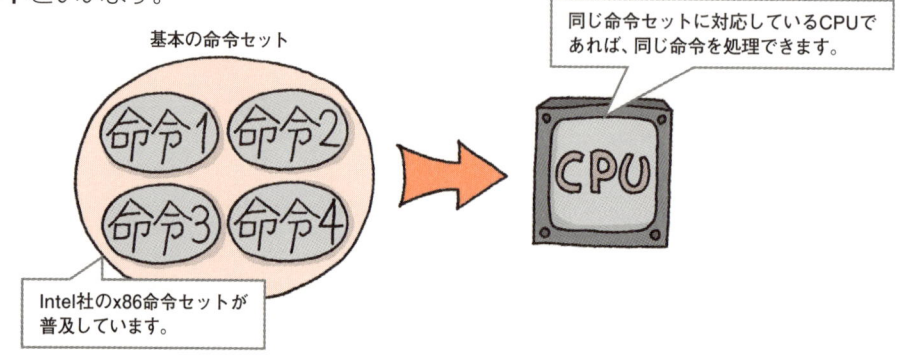

基本の命令セット

命令1 命令2 命令3 命令4

Intel社のx86命令セットが普及しています。

同じ命令セットに対応しているCPUであれば、同じ命令を処理できます。

拡張命令

拡張命令とは、基本的な命令セットの能力を補い、CPUの処理能力をあげるために追加された命令です。代表的な拡張命令の手法に、**SIMD（Single Instruction Multiple Data）演算**があります。

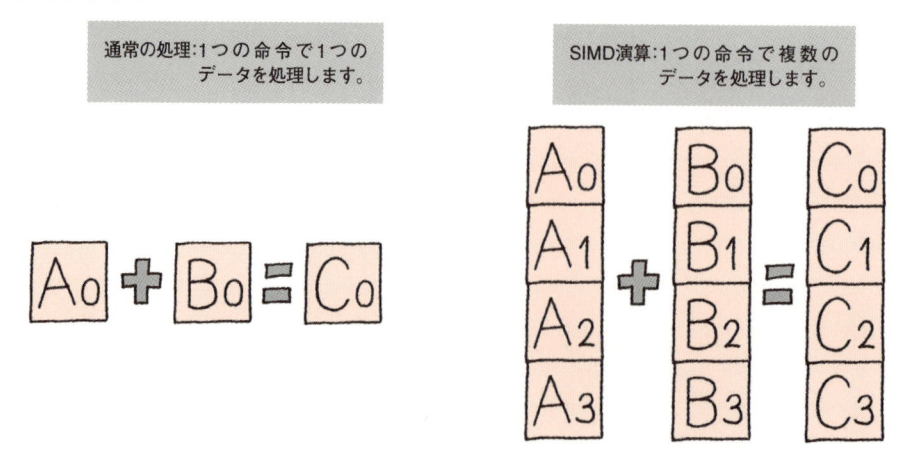

通常の処理：1つの命令で1つのデータを処理します。

SIMD演算：1つの命令で複数のデータを処理します。

$A_0 + B_0 = C_0$

$\begin{bmatrix} A_0 \\ A_1 \\ A_2 \\ A_3 \end{bmatrix} + \begin{bmatrix} B_0 \\ B_1 \\ B_2 \\ B_3 \end{bmatrix} = \begin{bmatrix} C_0 \\ C_1 \\ C_2 \\ C_3 \end{bmatrix}$

音声や動画の処理では同じような演算を繰り返すため、SIMD演算が処理の高速化に威力を発揮します。たとえば、Intel社の「MMX」や「SSE」、AMD社の「3DNow!」「拡張3DNow!」などが、SIMD演算の技術を応用した拡張命令として有名です。

ハイパースレッディング（HT）

CPUがある命令を処理している間に生じる待ち時間に、別の命令を割り込ませて処理の効率をあげる技術です。CPUが2つあるかのように動作します。Intel社が開発しました。

ハイパースレッディングなし
処理の流れ

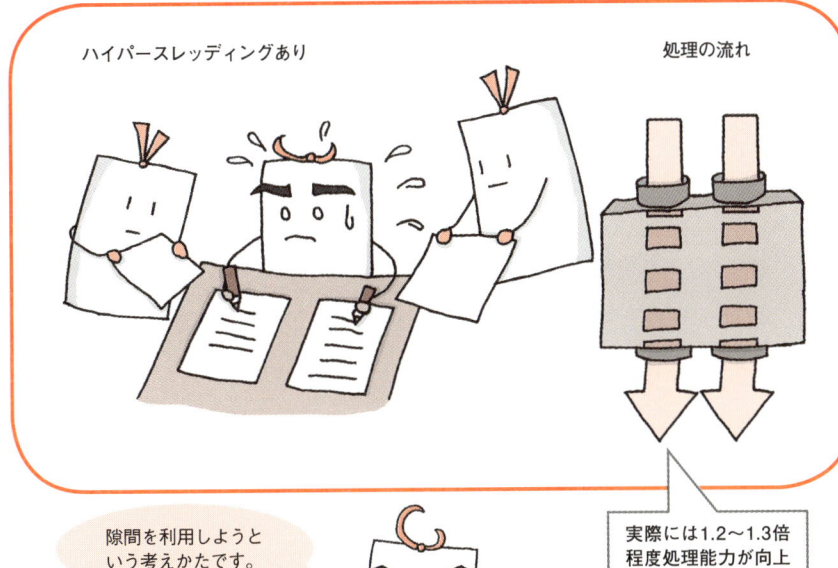

ハイパースレッディングあり
処理の流れ

隙間を利用しようという考えかたです。

実際には1.2～1.3倍程度処理能力が向上します。

高速化の技術

CPUの発熱

CPUは高温になるため、冷却装置が取り付けられています。

P CPUの発熱

CPUは動作するときに高熱を発します。CPUの温度が高くなりすぎると誤動作や故障の原因になるため、冷却装置が必要になります。

CPUによっては70〜80℃にもなります。

P 消費電力と発熱

CPUがどの程度電力を消費し、熱を発するかを示す値として**TDP**（Thermal Design Power：熱設計電力）というものがあります。どの回路も休みなく働いている状態で想定される、最大の放熱量を表します。

単位はWです。

消費電力が高い　　温度が上がる（放熱が大きい）

TDPの値は、CPUの種類によって異なります。メーカーの公式サイトなどで確認しましょう

パソコンを設計するときに、どのくらいの冷却装置が必要かを決める指標にもなります。

🅟 クーラーの種類

CPUクーラーは、ヒートシンクと冷却用ファンを組み合わせたものが普及しています。ヒートパイプを採用したものや、水冷式のものなどもあります。

ヒートシンク＋冷却用ファン

冷却用ファン
ヒートシンク

熱伝導性の良い金属でできたヒートシンクが、CPUの熱を吸収します。さらに冷却用ファンで空気を送ることで、CPUからヒートシンクに伝わった熱を強制的に放熱させます（図は分解図です。実際には組み合わせて利用します）。

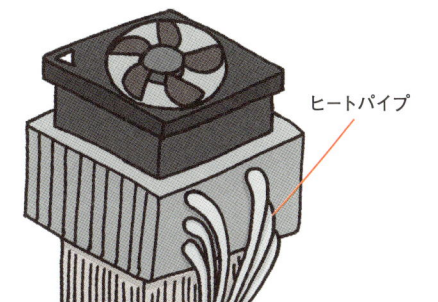

ヒートパイプ式

ヒートパイプ

高い熱伝導性を持つヒートパイプという金属の管がCPUの熱を吸収し、ヒートシンクへ送ります。ヒートシンクや冷却用ファンは、離して設置することもできます。

水冷式

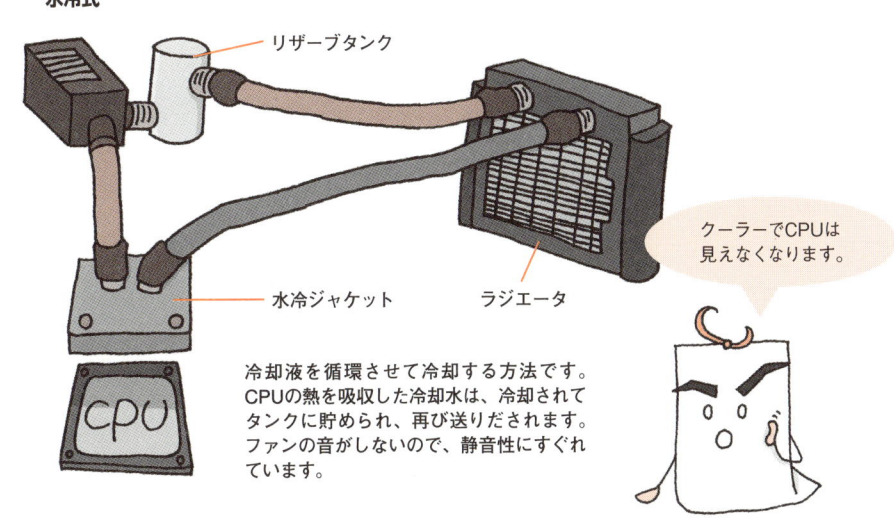

リザーブタンク
水冷ジャケット
ラジエータ

冷却液を循環させて冷却する方法です。CPUの熱を吸収した冷却水は、冷却されてタンクに貯められ、再び送りだされます。ファンの音がしないので、静音性にすぐれています。

クーラーでCPUは見えなくなります。

CPUの発熱

チップセットとは

パソコン内では、さまざまな大きさや速さでデータがやり取りされているため、流れを管理する役割が必要です。

チップセットとは

CPUやメモリ、ハードディスクなど、各部品の間でやり取りされるデータの流れを管理するのがチップセットです。パソコン全体の性能を決める、重要な部品のひとつです。

以前は数多くの半導体チップから構成されていたため、「半導体チップの集まり」という意味でチップセットと呼ばれるようになりました。

> データの流れが滞っては、高性能な部品も力を発揮できませんね。

ノースブリッジとサウスブリッジ

チップセットは通常、**ノースブリッジ**と**サウスブリッジ**と呼ばれる2つのチップで構成されています。

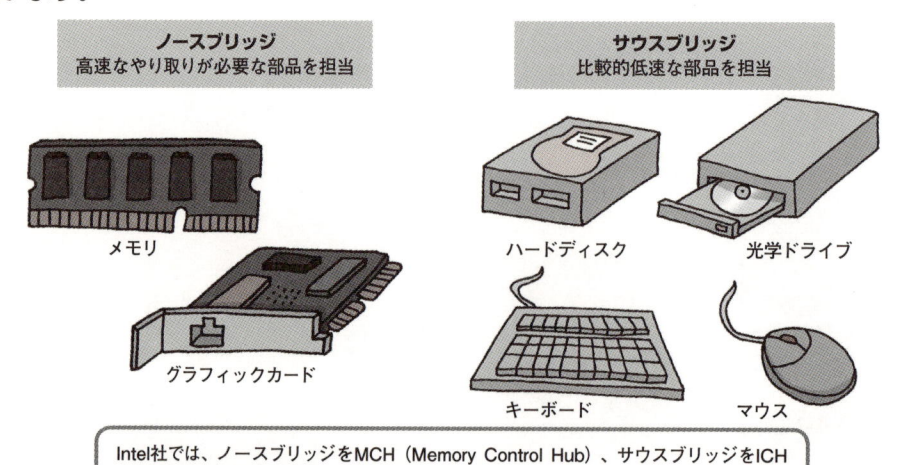

ノースブリッジ
高速なやり取りが必要な部品を担当

- メモリ
- グラフィックカード

サウスブリッジ
比較的低速な部品を担当

- ハードディスク
- 光学ドライブ
- キーボード
- マウス

Intel社では、ノースブリッジをMCH（Memory Control Hub）、サウスブリッジをICH（I/O Control Hub）と呼んでいます。

接続方法

どのように接続するのかは、メーカーやチップセットの種類によって異なりますが、そのなかでおもな接続方法を見てみましょう。

N…ノースブリッジ
S…サウスブリッジ

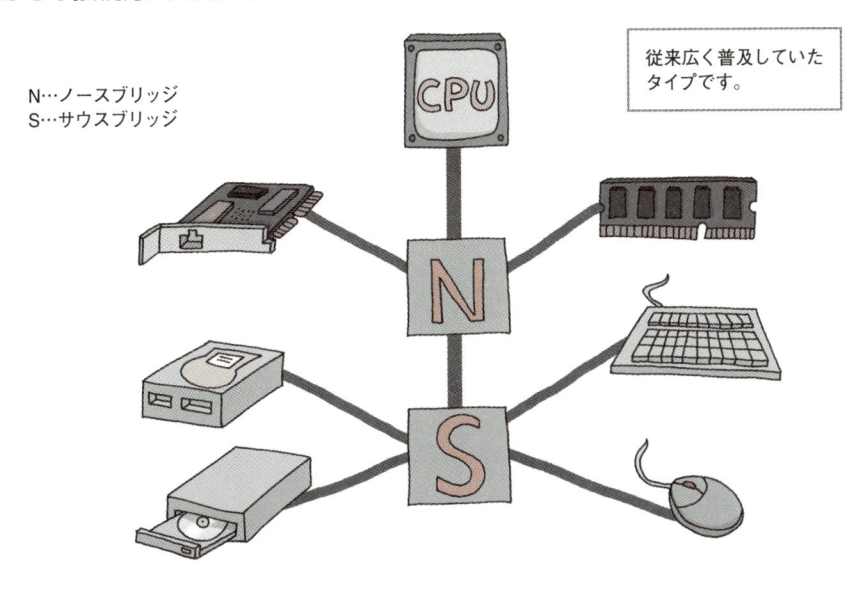

従来広く普及していたタイプです。

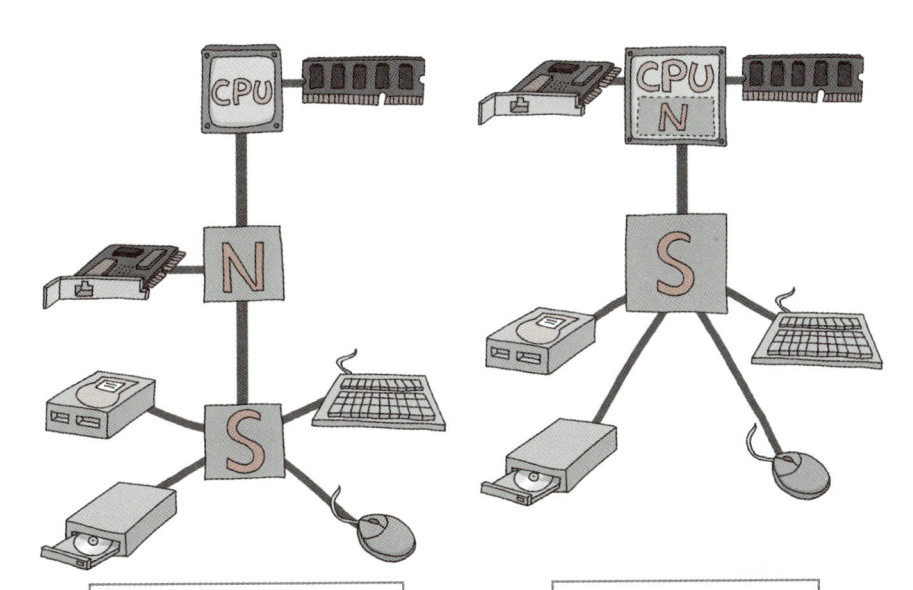

ノースブリッジが持っていたメモリコントローラ（メモリを制御する機能）をCPU側に移動させたタイプです。メモリはCPUに接続します。

ノースブリッジの機能をCPUに統合したタイプです。そのため、チップセットは1つになります。

代表的なCPUとチップセット (1)

その時代の技術やニーズによって多種多様な部品が製造されています。代表的なCPUとチップセットをいくつか見てみましょう。

( ) 内は発売年と生産メーカー

CPU	チップセット

8086 (1978年/Intel)
x86ファミリーの最初のCPUで、現在のIntelやほかの互換CPUの元祖となった16ビットCPUです。

80286 (1982年/Intel)
仮想メモリやマルチタスク処理に対応しました。IBMのPC/ATとその互換機によって広く普及しました。

Intel386 (1985年/Intel)
Intel初の32ビットCPUです。1990年代前半のパソコンの代表的なCPUです。

Intel486 (1989年/Intel)
386の後継CPUで、1次キャッシュメモリを搭載しました。1990年代半ばのパソコンの代表的なCPUです。

Pentium（1993年/Intel）
486に代わる高性能CPUとして開発され、IntelブランドをCPUとして確立しました。310万ものトランジスタが集積されています。

i430FX
（1995年/Intel）

商標の関係で、これまでの数字の名称からPentiumへ変更になりました。これは「5」を意味するギリシア語のPentaと、要素を表すラテン語のiumを合わせた造語です。

Pentium II（1997年/Intel）
750万のトランジスタが集積されています。2次キャッシュメモリとMMX（p.16）で、動画や音楽などの処理が高速になりました。

i440BX
（1998年/Intel）

Celeron（1998年/Intel）
低価格帯のパソコン用に、Pentiumシリーズの廉価版CPUとして登場しました。

Pentium III（1999年/Intel）
SSE（p.16）が追加され、3D描画や音声などの処理性能が飛躍的に向上しました。

i820BX
（1999年/Intel）

代表的な CPU とチップセット (1)

代表的なCPUとチップセット (2)

(1)から続いて代表的なCPUを見ていきましょう。

（ ）内は発売年と生産メーカー

CPU	チップセット

Athlon（1999年/AMD）
AMD社が開発したx86ファミリ互換の32ビットCPUです。3DNow!や拡張3DNow!（p.16）を搭載しています。

AMD 750
（1999年/AMD）

> 市販のx86（および互換）CPUとしては最初に内部クロックが1GHzを超える製品を発表しました。

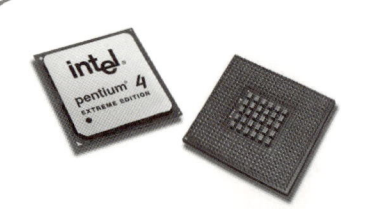

Pentium 4（2000年/Intel）
徹底的に高クロック化を目指したCPUです。マルチメディアの処理性能もより高速になりました。4200万のトランジスタを集積しています。

i845BX
（2001年/Intel）

i875P
（2003年/Intel）

Athlon 64（2004年/AMD）
Athlonの64ビット版です。

Pentium D（2005年/Intel）
デュアルコア（p.8）を採用したCPUです。64ビットでの利用をサポートする技術も搭載されるようになりました。

Core 2（2006年/Intel）
コアの数（デュアルコアまたはクアッドコア）、キャッシュの容量、FSB（p.12）の速度、TDP（p.18）などでいくつかのシリーズがあります。

Core i（2008年/Intel）
Core 2シリーズの後継にあたり、性能の高い順にCore i7、Core i5、Core i3があります。コア数は2、4、6（ヘキサコア）のものがあり、おもに4つ（クアッドコア）が採用されています。高い処理能力を持ち、非常に高速に動作します。

Phenom II（2008年/AMD）
いくつかのシリーズがあり、コア数も2、3、4、6となっています。高性能と省エネ性の両立が強調されています。

i965
（2006年/Intel）

Intel 3 Series
（2007年/Intel）

Intel 4 Series
（2008年/Intel）

Intel 5 Series
（2009年/Intel）

代表的なCPUとチップセット（2）

COLUMN　コラム

～その他のCPUのビット数～

　p.10で説明したように、CPUのビット数とは、バスと呼ばれるデータの伝送路が一度に送れるデータの量です。ビット数が大きいほど一度に多くのデータを読み込めるので、速く処理できるようになります。本章ではおもに32ビットと64ビットのCPUを扱いました。せっかくですから、それ以前のCPUのビット数についてもここで簡単に見ておきましょう。

4ビットCPU

　世界初のCPUは、Intel社が1971年11月に発表した「4004」（i4004）だといわれています（ちなみに、Intelでは、CPUのことをマイクロプロセッサと呼んでいます）。日本のビジコン社が、電卓用として開発を依頼したことから作られた製品です。4004は4ビットのCPUで、クロック周波数108KHz、トランジスタ数は2300という構成でした。

8ビットCPU

　次いで1972年、Intelは世界初の8ビットCPU「8008」（i8008）を発表しました。クロック周波数は200KHz、トランジスタ数3500のCPUで、性能は4004の約2倍です。1974年に登場した「8080」は、8008の10倍の2MHzというクロック周波数で動作し、トランジスタ数も6000に増加しました。この8080は、世界初のパーソナルコンピュータ「Altair 8800」に搭載されたことで有名です。また、1974年には、Motorola社が「MC6800」（クロック周波数1MHz、トランジスタ数5000）を発表しています。1976年にはZilog社から「Z80」（クロック周波数2.5MHz、トランジスタ数8,200）が発表され、非常に人気を得ました。

16ビットCPU

　1978年に16ビットCPUが登場します。Intelの「8086」は、クロック周波数5MHz/8MHz/10MHz、トランジスタ数29,000の性能を持ったCPUです。Motorolaが1979年に発表した「MC68000」（発売当初のクロック周波数は4MHz、トランジスタ数68000）は、Intelの8086よりも大容量のメモリを扱うことができ高速に動作しました。また、8ビットのZ80が人気だったZilog社からは、「Z8000」が登場しますが、こちらはあまりヒットしませんでした。Intelの「80286」（p.22）が発表されたのは1982年です。クロック周波数6、8、10、12MHz、トランジスタ数134000という構成のCPUで、IBMのPC/ATとその互換機に搭載されたことで広く普及していきます。

　このあと、CPUは32ビットへと移行していきます。もちろん、ここに上げたCPUはCPUの歴史のごくごく一部です。CPUが登場してからたった40年ですが、その技術の進歩には驚くべきものがあります。興味を持ったら、詳しく調べてみるのもよいですね。

メモリ

第2章

第2章は ここがkey!

Topics: メモリ＝メインメモリが一般的

　2章では、CPUの動作と密接に関わっているメモリを扱います。

　メモリはMemory（記憶）という言葉のとおり情報を記録する部品で、プログラムやデータといった情報を記憶する役割を持っています。情報の書き込みと読み出しができる**RAM**（Random Access Memory）と、読み出しだけができる**ROM**（Read Only Memory）があり、一般的にメモリという場合は前者（RAM）を指します。**メインメモリ**や**主記憶装置**とも呼ばれます。本章で扱うのもこのメインメモリです。また、電源を切ると記憶した内容が消えてしまうメモリを**揮発性メモリ**、電源を切っても内容が失われないメモリを**不揮発性メモリ**と呼びます。RAMは揮発性メモリに、ROMは不揮発性メモリにそれぞれ分類されます。その他ハードディスク、CD-ROM、DVDなども記憶を担当する装置ですが、こちらはメインメモリの主記憶装置に対して、**補助記憶装置**と呼ばれています。

　メモリは**メモリモジュール**という基盤に、メモリチップの入ったメモリICが乗った形をしています。現在使用されているメモリモジュールの規格は**DIMM**といい、使っているメモリチップの種類によっていくつかの種類があります。また、種類によって接続端子部分のピンの数や切り欠きの位置などが異なるため、あとから自分で購入するときは注意が必要です。

情報を一時的に保存するメモリ

　メモリの役割は情報の一時的な保存です。ソフトウェアは通常ハードディスクにインストールします。データもハードディスクに保存しますね。しかし、ハードディスクなどの補助記憶装置は長期的に情報を保存できる一方、読み書きをする時間がCPUの処理速度にくらべると非常に遅いのです。こうした装置と高速なCPUがいちいちやりとりをしていては、処理に時間がかかってパソコンの動作も遅くなってしまいます。そのため、高速にCPUとやりとりができるメモリを設置し、ここに必要な情報を一時的にとどめておくことで、処理速度を上げているのです。ハードディスクに保存された情報は、必ずメモリに読み込まれてからCPUによって処理されます。この様子はよく、メモリ＝作業机、ハードディスク＝書棚、CPU＝作業する人にたとえられます。作業机が広いほうが作業がしやすく、作業の速度や能率があがるように、メモリの容量も大きいほうがたくさんのデータを扱え、処理の効率があがります。逆にメモリの容量が不足すると、パフォーマンスが低下し、作業内容は制限されます。たとえば、Windowsでは**スワップ**という現象が発生します。スワップとは、ハードディスクの一部を仮にメモリとして使用し、メモリの容量が不足したときに使用していないデータを一時的に移動させたり、必要なデータを戻したりする機能です。

　ソフトウェアの高性能化で、個人利用のパソコンでも大量のメモリが必要とされるようになりました。最近ではメモリが安価に手に入るようになったこともあり、大容量メモリの時代が到来したといえます。

　メモリは、増設などでも目にすることも多い、パソコンの部品のなかでは比較的身近なものでもあります。その構造と役割を理解しましょう。

メモリとは

メモリは書き込みができるかできないかで分類できます。

メモリとは

メモリは、命令（プログラム）やデータを記憶する役割を持った装置です。RAMとROMの2種類があります。

RAM (Random Access Memory)

RAMは命令やデータの書き込みと、読み出しができるメモリで、命令やデータを一時的に保存しておく場所です。一般的にメモリという場合は、こちらを指します。**メインメモリ**や**主記憶装置**とも呼ばれます。

データの書き換えができます。

メモリに書き込まれた内容は、一時的に保存されるだけです。

電源を切ると記憶していた内容は消えます。

CPUとやりとりをするため、高速に動作します。

ROM (Read Only Memory)

ROMは命令やデータを読み出すだけで、書き込みのできないメモリです。一度記憶した内容は消えないため、書き替える必要のない命令やデータが記憶されています。

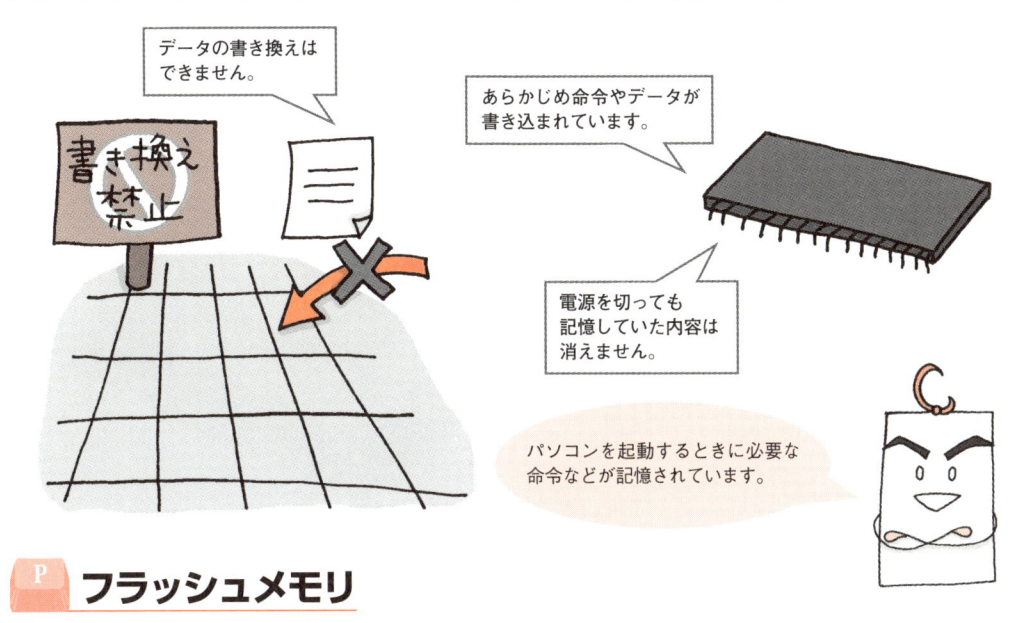

データの書き換えはできません。

あらかじめ命令やデータが書き込まれています。

電源を切っても記憶していた内容は消えません。

パソコンを起動するときに必要な命令などが記憶されています。

フラッシュメモリ

ROMに分類されますが、書き込みと読み出しができるメモリです。USBメモリ型のものや、メモリーカード型のものがあります。

USBメモリ型

メモリーカード型

SDメモリーカード

メモリースティック

スマートメディア

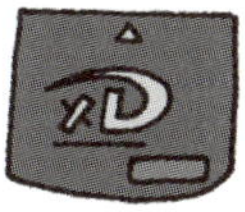

xDピクチャーカード

コンパクトフラッシュ

・電源を切っても記憶していた内容は消えません。
・データの書き換えができます。

メモリの種類

メモリにはいくつか種類があり、規格が異なると利用できません。

P メモリの構造

メモリ（メインメモリ）は基本的に次のような構造になっています。

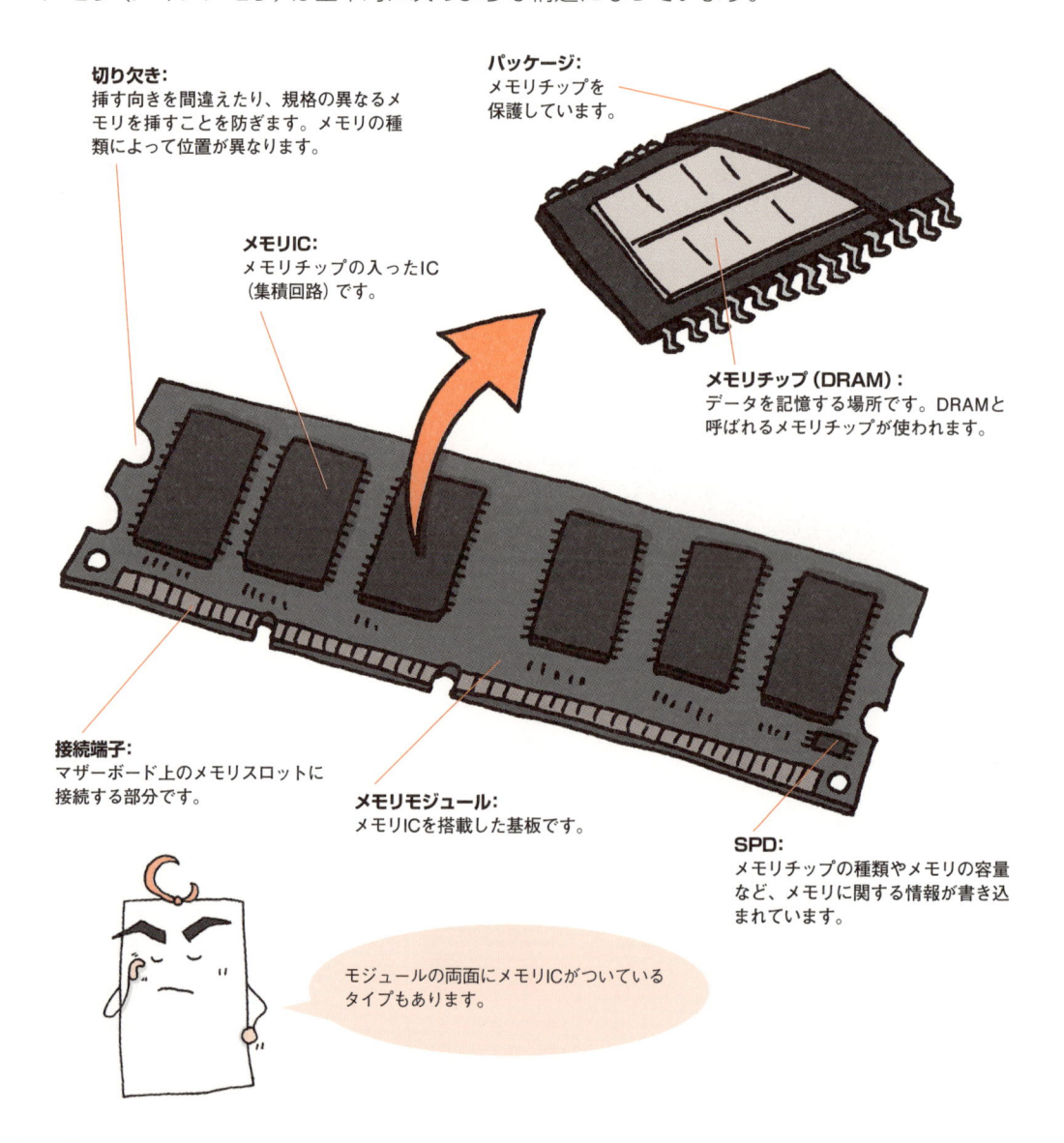

切り欠き:
挿す向きを間違えたり、規格の異なるメモリを挿すことを防ぎます。メモリの種類によって位置が異なります。

メモリIC:
メモリチップの入ったIC（集積回路）です。

パッケージ:
メモリチップを保護しています。

メモリチップ（DRAM）:
データを記憶する場所です。DRAMと呼ばれるメモリチップが使われます。

接続端子:
マザーボード上のメモリスロットに接続する部分です。

メモリモジュール:
メモリICを搭載した基板です。

SPD:
メモリチップの種類やメモリの容量など、メモリに関する情報が書き込まれています。

> モジュールの両面にメモリICがついているタイプもあります。

メモリの種類

現在使用されているメモリモジュールは、DIMM（Dual Inline Memory Module）という規格が採用されています。DIMMは、載っているメモリチップによっていくつかの種類があります。

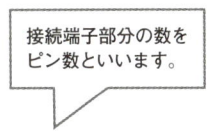

> 接続端子部分の数を
> ピン数といいます。

DDR-SDRAM（168ピン）

SO-DIMM（144ピン、200ピン）

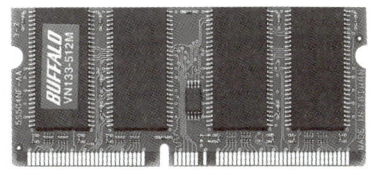

（144ピン）

DDR2-SDRAM（240ピン）

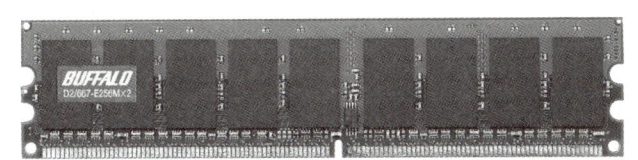

Micro-DIMM（144ピン、172ピン）

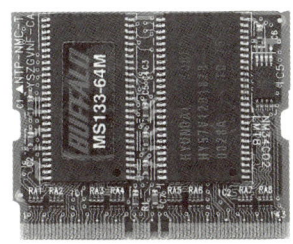

（144ピン）

DDR3-SDRAM（240ピン）

> SO-DIMM、Micro-DIMMは
> DIMMよりも横幅が小さく、
> おもにノートパソコン用です。

> DDR、DDR2、DDR3と数字があがるほど、
> 新しくて高速です。

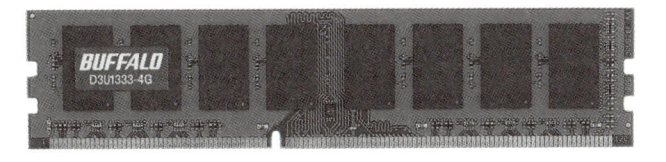

メモリの種類

メモリの容量

メモリは速さも重要ですが、容量もパソコンの動作に大きく影響します。

メモリの容量

メモリの容量とは、記憶できるデータのサイズのことです。MBやGBで表します。

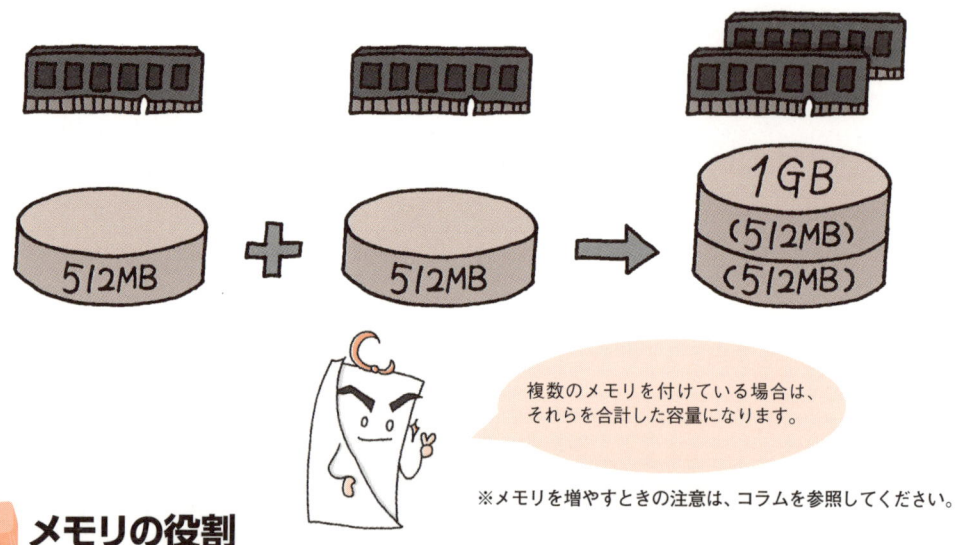

複数のメモリを付けている場合は、それらを合計した容量になります。

※メモリを増やすときの注意は、コラムを参照してください。

メモリの役割

CPUは普段ハードディスクに保存されている命令（プログラム）やデータを、いったんメモリに読み込んでやりとりします。メモリはよく作業机にたとえられます。

メモリが小さい場合

せまいよ。

机（メモリ）が小さいと、書類（プログラムやデータ）をあまり広げられません。

メモリが大きい場合

複数のアプリケーションを快適に使えます。

机（メモリ）が大きければ、たくさんの書類（プログラムやデータ）を同時に広げて作業できます。

P スワップと仮想メモリ

Windowsなどでは、メモリの容量が不足すると、ハードディスクに頻繁にアクセスする**スワップ**という現象が起きます。

机がいっぱいだから今使わないデータはどけておこう。

使われていない書類を書棚にいったん退避させたり、また戻したりします。

ハードディスクの一部を仮のメモリとして利用します（**仮想メモリ**）。

ハードディスクの動作速度はメモリより遅いので処理が遅くなり、結果としてパソコン全体の動作速度を落とすことになります。

メモリの使用量

実際にパソコンを利用するときには、どのくらいのメモリが使われているのでしょうか。

ソフトウェアやデータがどのくらいメモリを使うのかを測ってみました。ただし、これらはあくまで一例です。使っているパソコンの性能やOS、扱うデータなどによって、結果は異なります。

OS

値はソフトウェアを使い始めたときのものです。使っているうちに、メモリ使用量は増えていきます。

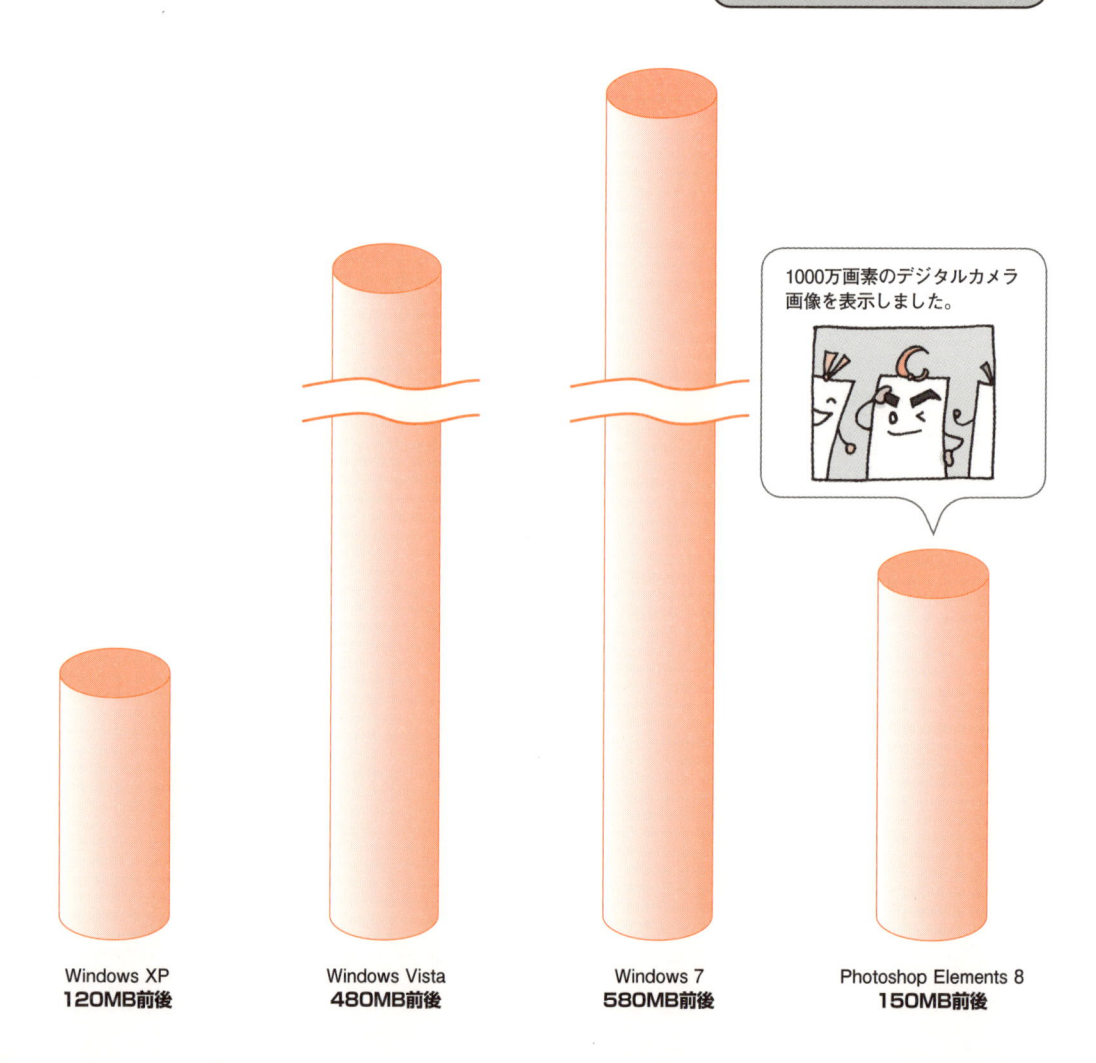

1000万画素のデジタルカメラ画像を表示しました。

Windows XP	Windows Vista	Windows 7	Photoshop Elements 8
120MB前後	**480MB前後**	**580MB前後**	**150MB前後**

第2章／メモリ

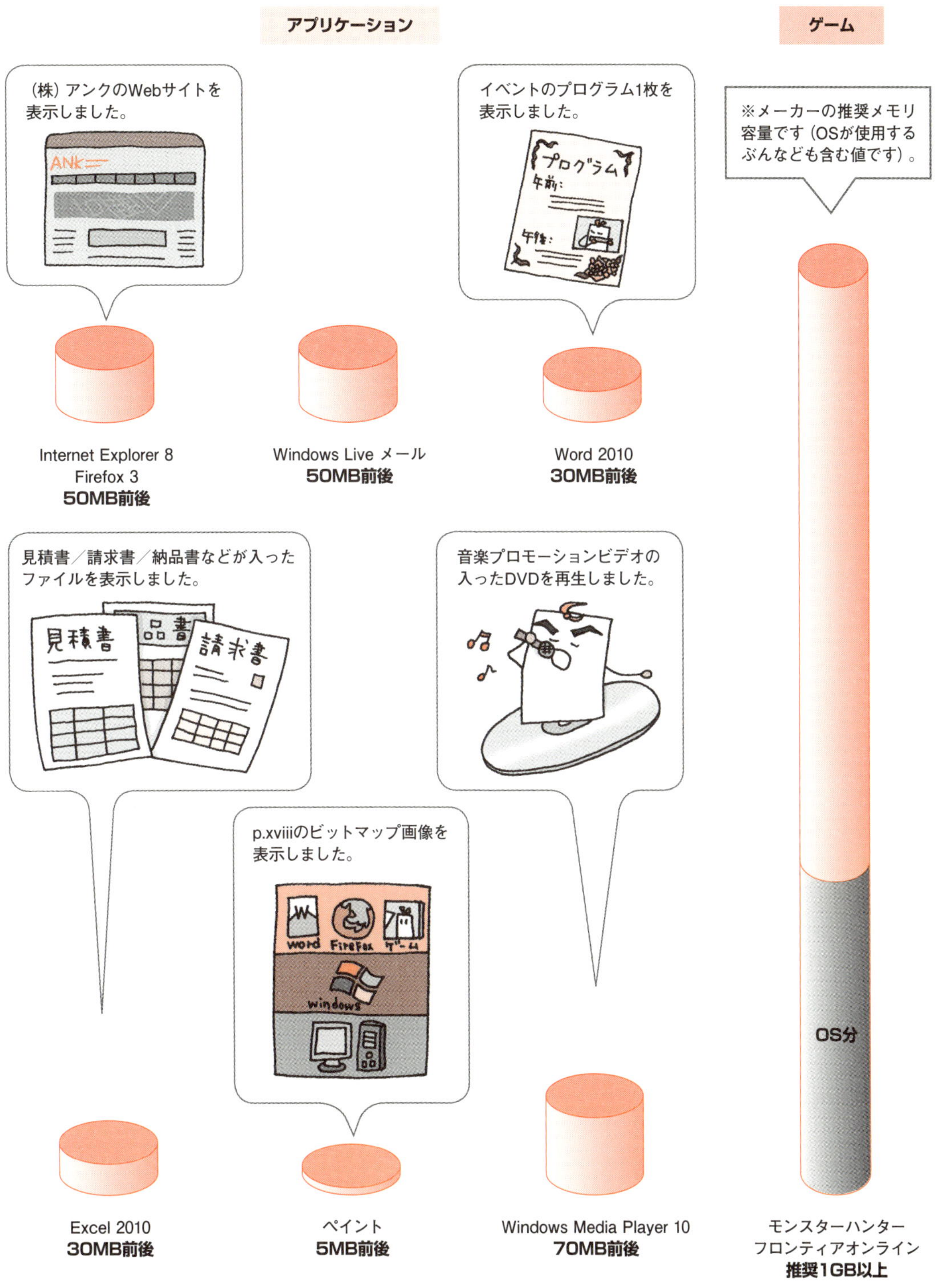

アプリケーション

（株）アンクのWebサイトを表示しました。

Internet Explorer 8 Firefox 3
50MB前後

イベントのプログラム1枚を表示しました。

Windows Live メール
50MB前後

Word 2010
30MB前後

見積書／請求書／納品書などが入ったファイルを表示しました。

音楽プロモーションビデオの入ったDVDを再生しました。

p.xviiiのビットマップ画像を表示しました。

Excel 2010
30MB前後

ペイント
5MB前後

Windows Media Player 10
70MB前後

ゲーム

※メーカーの推奨メモリ容量です（OSが使用するぶんなども含む値です）。

OS分

モンスターハンターフロンティアオンライン
推奨1GB以上

メモリの使用量

コラム
〜メモリを購入する際の注意〜

　パソコンに搭載されている部品を増やすことを「増設」といったりします。メモリはメモリモジュール単位で増設ができるのですが、増設用のメモリを購入するときには気をつける点があります。おもなものをいくつかあげてみましょう。

メモリモジュールの規格

　メモリはマザーボード上のスロットに挿して使います。メモリモジュールはp.33で見たようにいくつかの種類があります。そのため種類によって切り欠きの位置や接続端子のピンの数などに違いがあり、対応したスロットでないと、取り付けられないようになっています。なるべく自分のパソコンに対応するメモリの規格や型番を調べてから買いにいくようにしましょう。わからないときは、ショップの店員さんにパソコンの機種名を伝えて調べてもらうという方法もあります。

パソコンのスロット数

　メモリスロットの数も重要です。スロットの数は全部でいくつか、そのうち空きスロットはいくつあるのか、合計でどれだけのメモリをパソコンに搭載したいのか、今あるメモリに追加（増設）するのかまったく新しいメモリに挿し換えるのか、などによってメモリの購入方法が変わってくるからです。

1枚か2枚か

　デュアルチャネル（デュアルチャンネル）という技術を利用するために、同じメモリを2枚セットで購入する方法もあります。デュアルチャネルとは、同じ規格、同じ容量のメモリを2枚取り付けることで、メモリとCPUとのやりとりの速度を上げる技術です。たとえばメモリの全容量を2Gにしたい場合、1Gを2枚購入します。すでに挿さっているメモリと同じものを追加しても同様です。パソコンがデュアルチャネルに対応していることが必要ですが、最近では一般的になっていますので、自分のパソコンを確認してみてください。

3 ハードディスク

第3章

第3章は ここがkey!

情報を長期的に保存するハードディスク

　ハードディスクは2章でもところどころに登場しましたが、3章であらためてその構造などを見てみましょう。

　ハードディスクは、ソフトウェアやデータを保存しておくための、大容量の記憶装置です。メインメモリのように電源を切っても保存されている内容が失われず、長期的に保存しておくことができます。カタログや仕様表では、ハードディスクドライブやHDDと記載されていることもあります。

ハードディスクの構造

　ハードディスクには**プラッタ**と呼ばれる磁気ディスクが数枚内蔵されていて、データはこのプラッタに保存されます。読み書きは、アームの先端に取り付けられた**磁気ヘッド**が、高速で回転するプラッタの上を移動しながら行います。プラッタの回転速度は**rpm**（revolutions per minute／1分間あたりの回転数）で表し、この値が大きいほどデータの読み書きが高速になります。この速度はパソコンを利用しているときの体感速度に影響しますので、パソコンの動作が遅いなと思ったら、ハードディスクを高速なものに交換するというのもひとつの選択肢です。

　トラック、**セクタ**、**シリンダ**といった、記憶単位も覚えておきましょう。ハードディスクの容量も、これらの単位の値をもとに計算できます。

ハードディスクにはパソコンに内蔵されているものと、外付けのものがあります。ハードディスクをパソコンに接続する場合の、インターフェースはどうなっているでしょうか。インターフェースとは、パソコン本体と各種の装置や部品を接続するときに使われる、機器ややりとりのしくみのことです。内蔵ハードディスクの場合、最近のパソコンではデータの転送をシリアル転送方式で行う**シリアルATA（SATA）**という規格が採用されています。以前は**ATA（パラレルATA）**が広く採用されていましたが、ATAは複数のデータを同時に転送するパラレル転送方式のため、どうしてもデータを受け取るタイミングが難しくなります。一方のシリアル転送方式ではこうした問題が発生しないので、高速化に向いています。また、シリアルATAのほうがケーブルが細く、ケースの中がすっきりするというメリットもあります。こうした理由から、内蔵ハードディスクの接続方法は、ATAからシリアルATAへと変わっていきました。シリアル転送方式、パラレル転送方式についてはp.118を参照してください。

　また、外付けのハードディスクでは、接続の簡単なUSB接続が一般的です。

　最近のハードディスクの容量は、非常に大きくなっています。肥大化したソフトウェアや、テキスト文書よりも格段にファイルサイズが大きい映像ファイルやデジタルカメラ画像などを、容量を気にせず保存できるようになりました。しかし、たくさん保存していると、破損した場合の損失も大きくなります。バックアップはこまめに取っておきましょう（バックアップはハードディスクの容量を問わず、こまめに取ることをおすすめします）。

ハードディスクとは

ソフトウェアやデータなどを保存しておくには大容量の記憶装置が必要です。

ハードディスクとは

ハードディスクは、OS、アプリケーション、作成したデータなどを保存しておくための記憶装置です。

> メインメモリ（主記憶装置）に対して、補助記憶装置と呼ばれます。

CPUやメモリとの関係

CPU、メモリ、ハードディスクでは、次のような関係になっています。

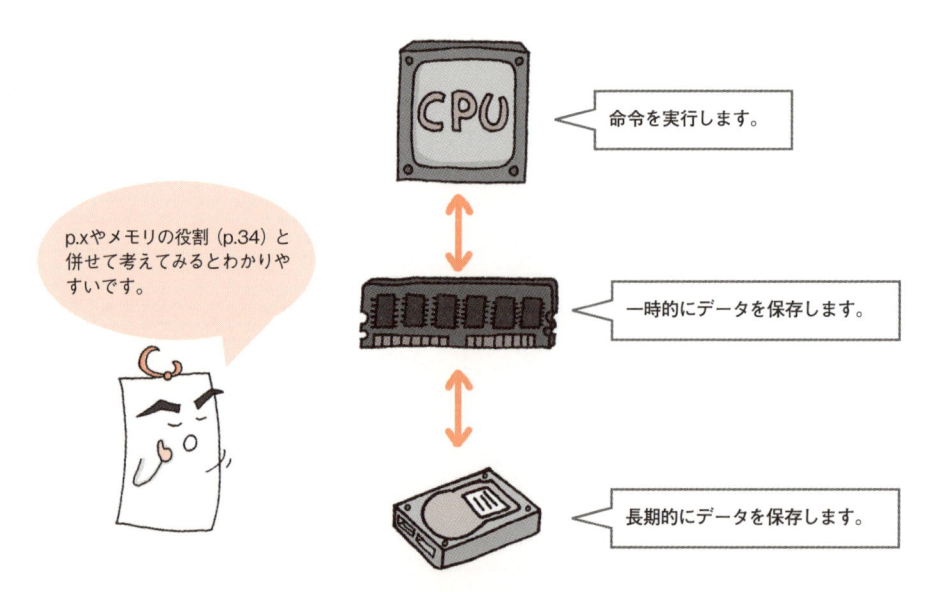

> p.xやメモリの役割（p.34）と併せて考えてみるとわかりやすいです。

- CPU ← 命令を実行します。
- メモリ ← 一時的にデータを保存します。
- ハードディスク ← 長期的にデータを保存します。

ハードディスクの構造

ハードディスクの中には**磁気ディスク**が入っていて、このディスクが回転するようになっています。ハードディスクのおもな構造を見てみましょう。

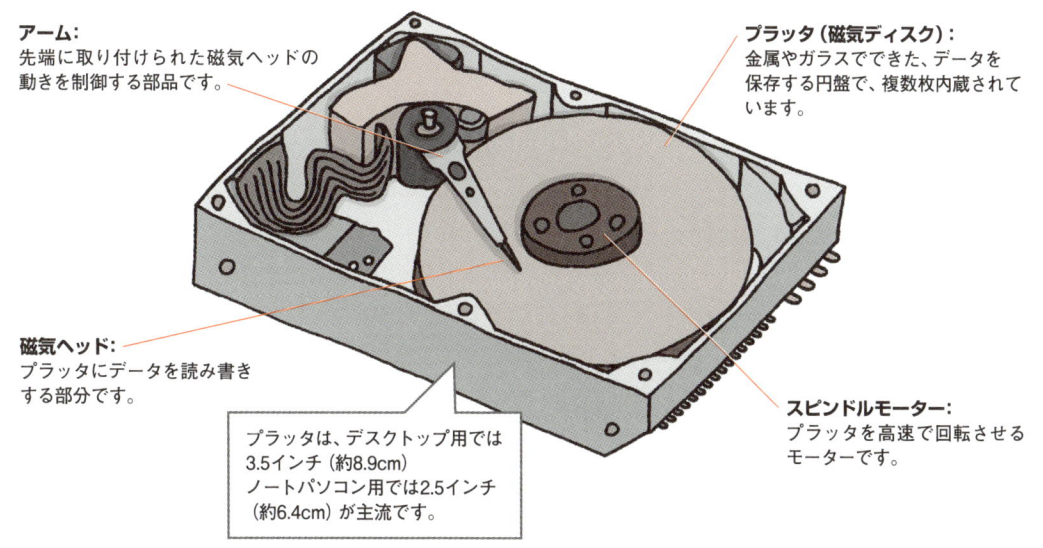

アーム：
先端に取り付けられた磁気ヘッドの動きを制御する部品です。

プラッタ（磁気ディスク）：
金属やガラスでできた、データを保存する円盤で、複数枚内蔵されています。

磁気ヘッド：
プラッタにデータを読み書きする部分です。

プラッタは、デスクトップ用では
3.5インチ（約8.9cm）
ノートパソコン用では2.5インチ
（約6.4cm）が主流です。

スピンドルモーター：
プラッタを高速で回転させるモーターです。

≫ 記録単位

円盤状のプラッタには、同心円状にデータが記録されることになります。この同心円状の領域を**トラック**といいます。実際にはトラックをさらに分割した**セクタ**という単位でデータの書き込みが行われます。

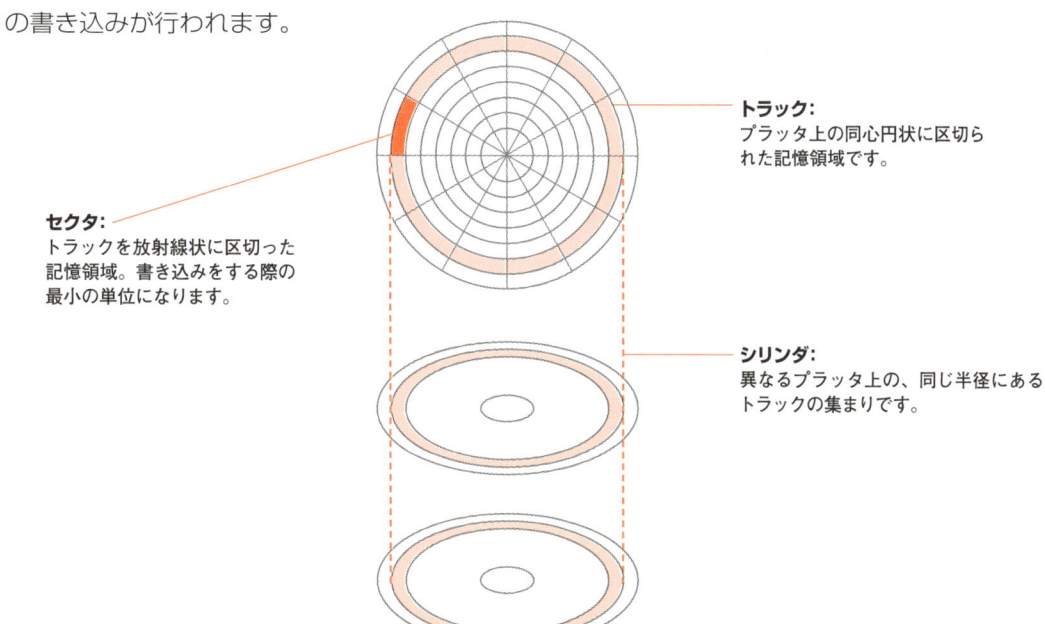

セクタ：
トラックを放射線状に区切った記憶領域。書き込みをする際の最小の単位になります。

トラック：
プラッタ上の同心円状に区切られた記憶領域です。

シリンダ：
異なるプラッタ上の、同じ半径にあるトラックの集まりです。

インターフェース

ハードディスクには、パソコンに内蔵のものと外付けのものがあります。パソコンと接続するインターフェース規格を見てみましょう。

P シリアルATA

最近のパソコンでは、ハードディスクの接続に**シリアルATA**という規格が採用されています。

≫ ATA (Advanced Technology Attachment)

ATAは、パソコンとハードディスクを接続するための規格のひとつです。もともとは**IDE**（Integrated Drive Electronics）と呼ばれる規格がATAとして標準化（公式な規格として定められること）されたもので、その後さまざまな改良が加えられて発展していきました。

> 幅の広いケーブルが使われます。

> ATAは転送方法がパラレル方式（p.118）のため、次のシリアルATAと区別して「パラレルATA」と呼ぶこともあります。

≫ シリアルATA

データの転送にシリアル転送方式（p.118）を採用したATAを、**シリアルATA（SATA）**といいます。現在、ATAに代わるハードディスクのインターフェースとして普及しています。

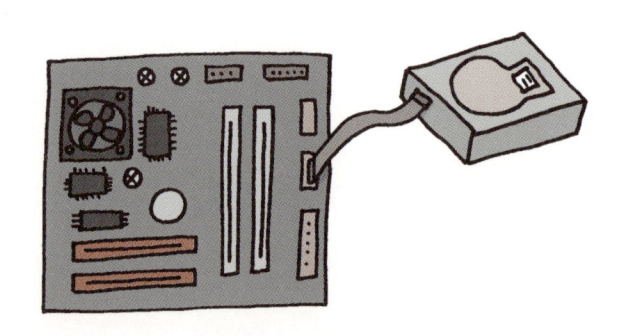

≫ ATAとシリアルATAの違い

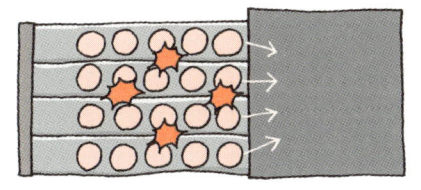

ATA
- 複数のデータを同時に転送する
- 信号線どうしで干渉しあい、データにノイズが入る
- 転送速度を高速化すると複数のデータを同時に受け取るタイミングが難しくなる。
- ケーブルが太く、長さは最大45.7cm

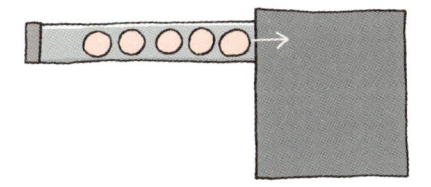

シリアルATA
- 連続するデータを順番に転送する
- データの干渉がなく、高速化できる
- ケーブルが細く、長さは最大1m
- 信号線が少ないぶん、コストを抑えられる

P USB接続

外付けのハードディスクでは、USB接続（p.112）が一般的です

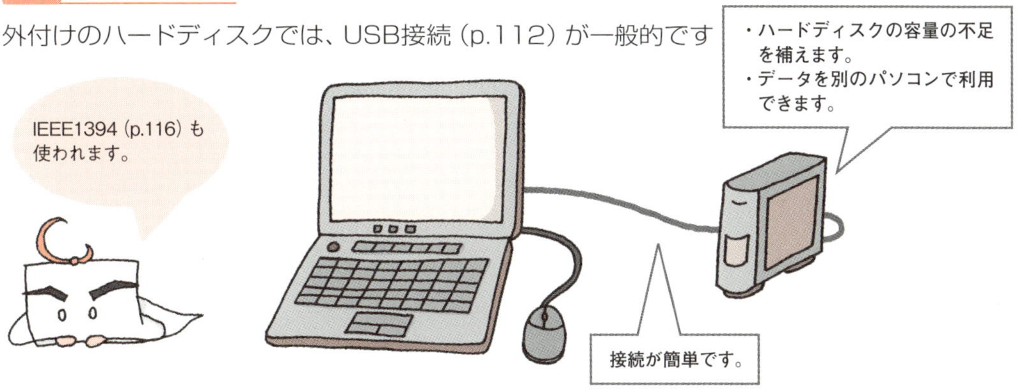

IEEE1394（p.116）も使われます。

・ハードディスクの容量の不足を補えます。
・データを別のパソコンで利用できます。

接続が簡単です。

P SCSI (Small Computer System Interface)
スカジー

SCSIは、パソコンと周辺機器を接続するための規格のひとつです。汎用性があるため広く利用されていた規格ですが、最近ではシリアルATAやUSBの普及であまり使われなくなりました。

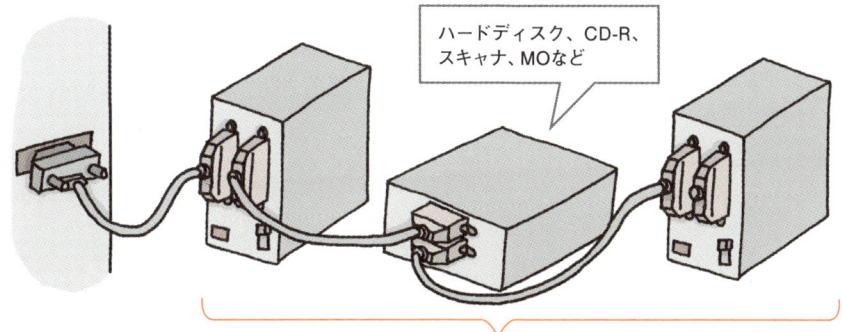

ハードディスク、CD-R、スキャナ、MOなど

終端にはターミネータという部品をつけます。

最大7台まで数珠つなぎ（デイジーチェーン接続）可能

インターフェース 45

回転数とキャッシュ

ハードディスクの読み書きに関するしくみを紹介します。

データを読み書きするしくみ

ハードディスクでは、高速に回転するプラッタに対してデータの読み書きが行われます。

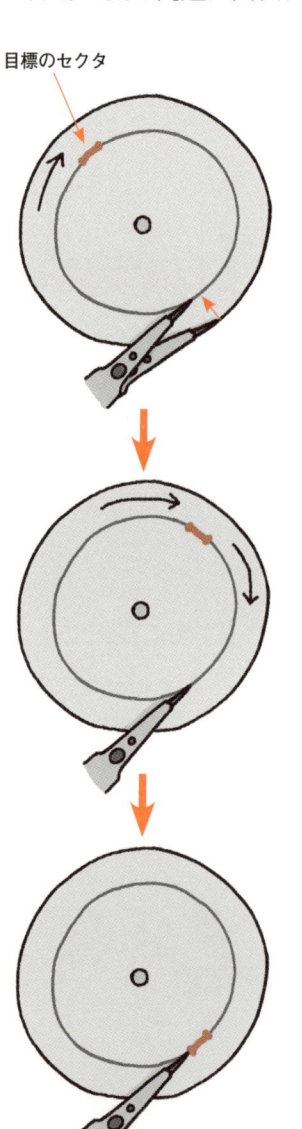

目標のセクタ

①読み書きの命令が届くとアームを動かし、目標のセクタがあるトラックの上に磁気ヘッドを移動させます。

> この移動時間を
> シークタイムといいます。

②目標のセクタがヘッドの真下に来るのを待ちます。

> この時間を
> サーチタイムといいます。

③目標のセクタが真下に来たら、読み書きを実行します。

rpm

プラッタが1分間に回転する回数を、**rpm**（revolutions per minute）という単位で表します。この数値が大きいほど、データの読み書きが高速になります。

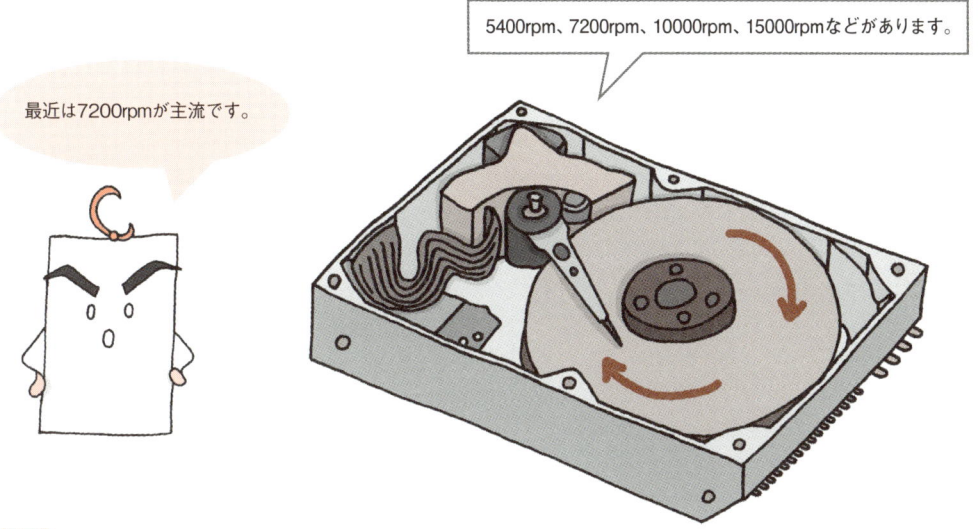

> 5400rpm、7200rpm、10000rpm、15000rpmなどがあります。

> 最近は7200rpmが主流です。

ディスクキャッシュ

ディスクキャッシュとは、ハードディスクに搭載されているメモリ、またはこのメモリを利用してデータの読み書きを高速化する技術のことです。

> ハードディスクの読み書きはCPUの動作に比べると非常に遅いので、待ち時間が発生します。

> よく使うデータなどを置いておけば、読み出しの時間が短縮できます。

> ハードディスクよりも高速に読み書きできるメモリを用意し、一時的にデータを置いておきます。

回転数とキャッシュ

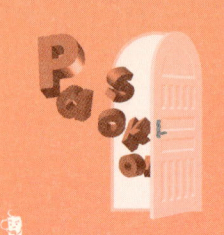

ハードディスクの容量

音楽や動画、デジカメ画像など、最近はサイズの大きなファイルを大量に保存する機会が増えています。

P 容量の計算

ハードディスクの容量は、次の計算式で求められます。

容量 ＝ 1セクタあたりの容量 × 1トラックあたりのセクタ数 × プラッタ1面あたりのトラック数 × 記憶可能な面数

1プラッタは通常両面に記録されます。

≫ 容量の変化

パソコンに内蔵されるハードディスクの容量は劇的に増加しています。

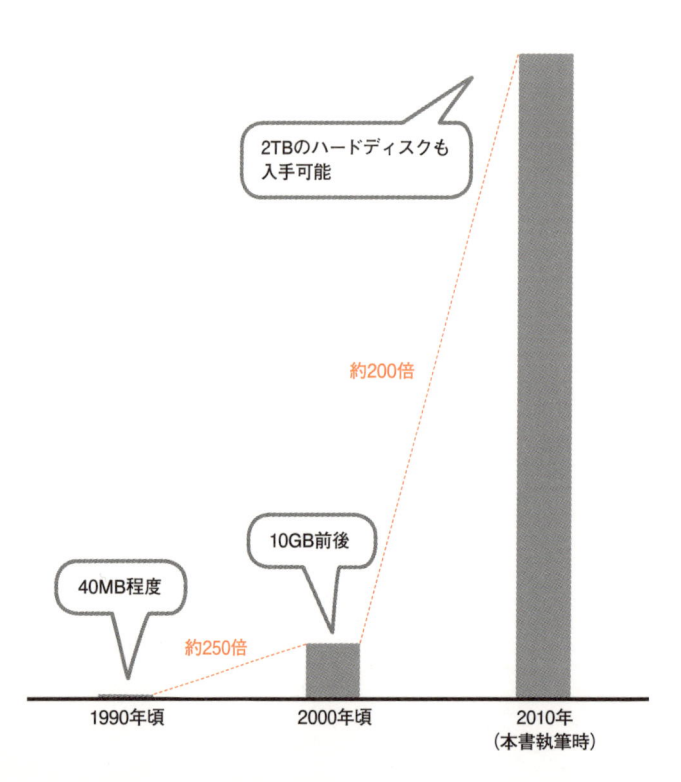

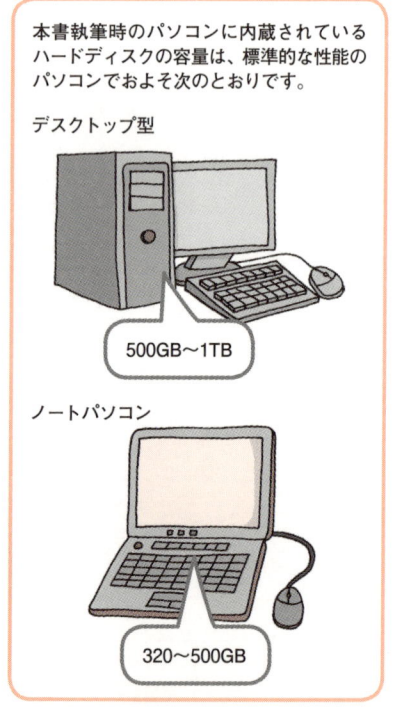

- 40MB程度（1990年頃）
- 10GB前後（2000年頃）
- 2TBのハードディスクも入手可能（2010年 本書執筆時）
- 約250倍
- 約200倍

本書執筆時のパソコンに内蔵されているハードディスクの容量は、標準的な性能のパソコンでおよそ次のとおりです。

デスクトップ型
500GB～1TB

ノートパソコン
320～500GB

🄿 大容量のメリットとデメリット

ハードディスクの容量が大きくなると、どんなメリットがあるのでしょうか。また、デメリットについても見てみましょう。

≫ メリット

アプリケーションやデータを大量に保存できます。

> 音楽や動画をダウンロードして購入する方法も普及していますね。

> 高機能なソフトウェアはプログラムのサイズも大きくなります

> 画像や音楽、動画のファイル容量はテキストファイルよりもずっと大きくなります。

≫ デメリット

データのバックアップやデフラグに時間がかかります。ハードディスクが破損したときの損失も少なくありません。

> バックアップはこまめに取りましょう。

デフラグとは:
ハードディスク内に散らばって保存されたデータを整理する作業です。ハードディスクへの読み書きの速度を上げるとともに、空き容量を増やす効果があります。

ハードディスクの容量

データのサイズ(1)

OSやアプリケーション、各種のデータなどは、どのくらいハードディスクを消費するのでしょうか。

ソフトウェアやデータがどのくらいハードディスクを消費するのかを調べてみました。OSやアプリケーションについては、各メーカーによるシステム要件の記載に準じています。

OSやアプリケーションをインストールする場合に必要なハードディスクの空き容量

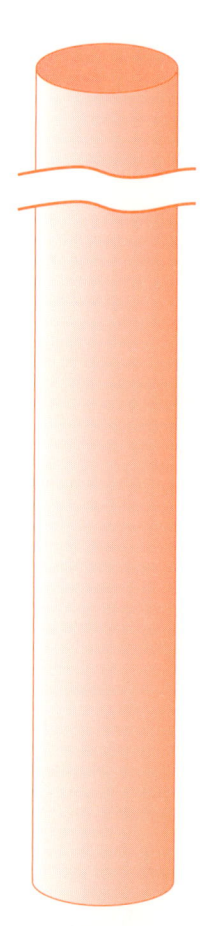

Windows 7
（32ビット版）
16GB

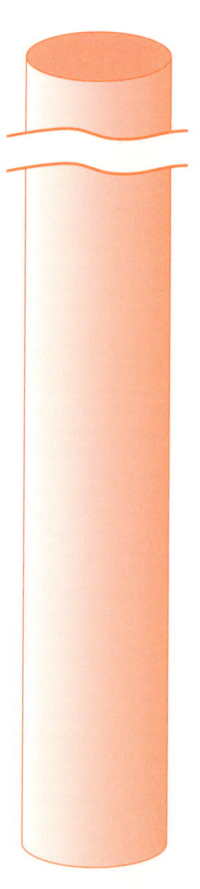

Windows Vista
Home Premium
15GB

Windows XP
Home Edition
2.1GB

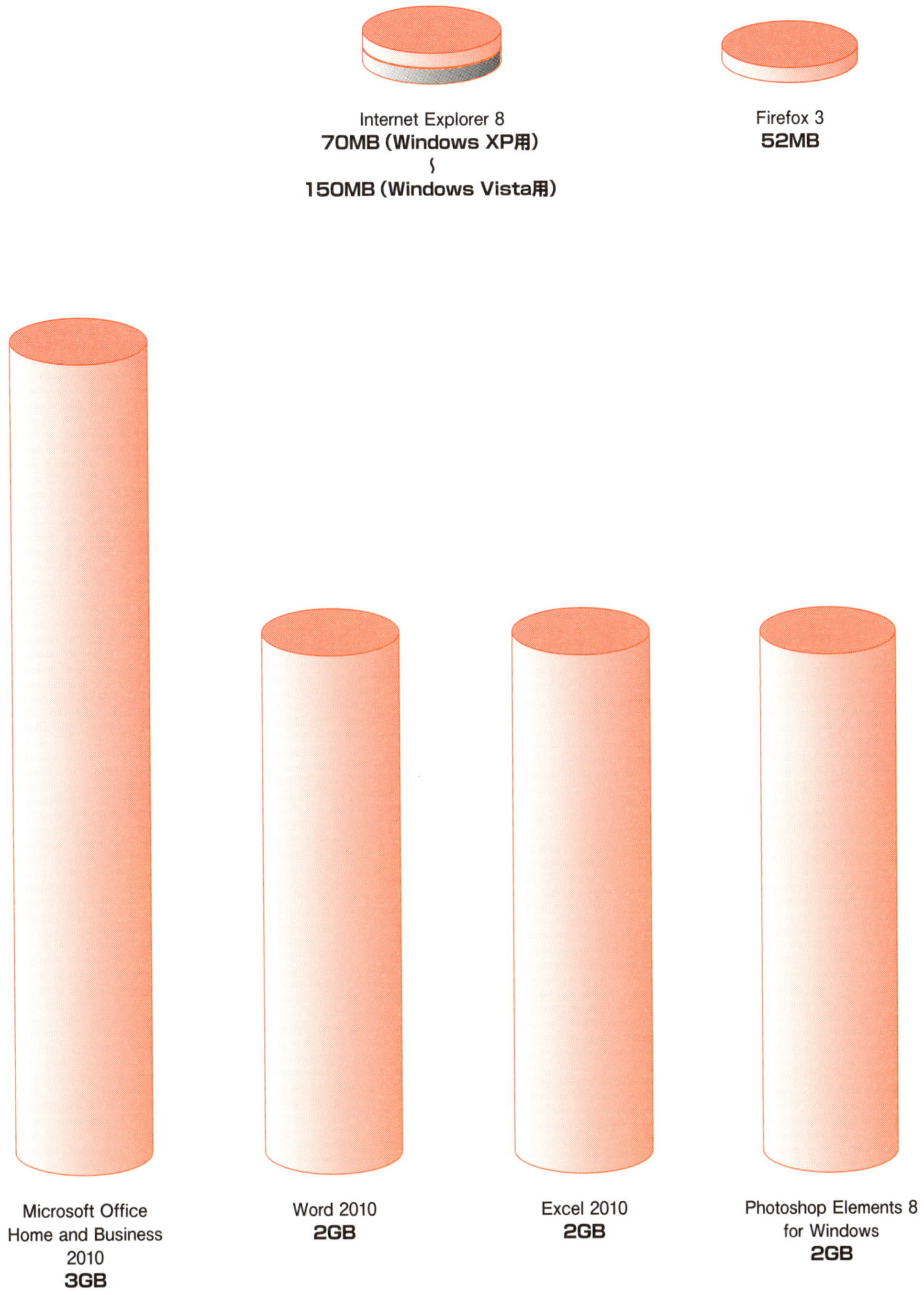

Internet Explorer 8
70MB（Windows XP用）
〜
150MB（Windows Vista用）

Firefox 3
52MB

Microsoft Office
Home and Business
2010
3GB

Word 2010
2GB

Excel 2010
2GB

Photoshop Elements 8
for Windows
2GB

データのサイズ (1)

データのサイズ(2)

(1)から引き続きさまざまなデータのサイズを見てみましょう。

各種データのサイズ

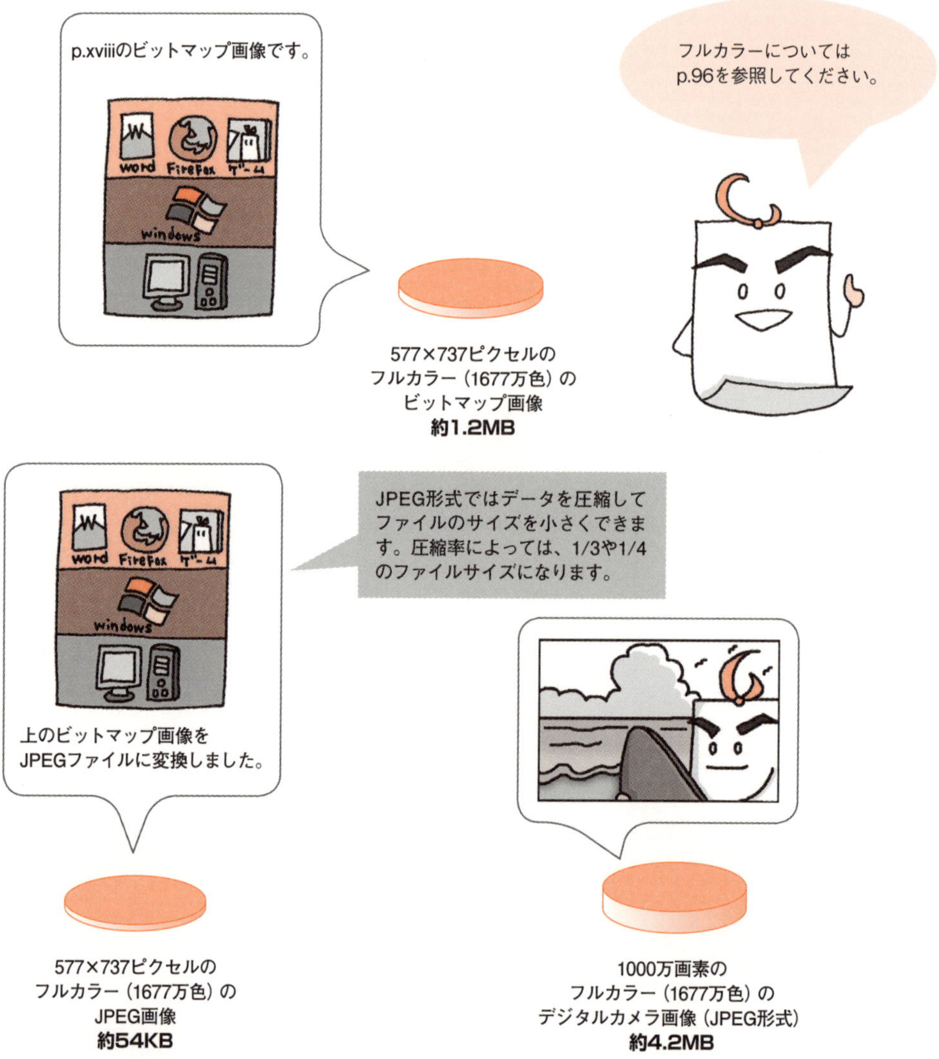

p.xviiiのビットマップ画像です。

フルカラーについては p.96を参照してください。

577×737ピクセルの
フルカラー（1677万色）の
ビットマップ画像
約1.2MB

JPEG形式ではデータを圧縮してファイルのサイズを小さくできます。圧縮率によっては、1/3や1/4のファイルサイズになります。

上のビットマップ画像を
JPEGファイルに変換しました。

577×737ピクセルの
フルカラー（1677万色）の
JPEG画像
約54KB

1000万画素の
フルカラー（1677万色）の
デジタルカメラ画像（JPEG形式）
約4.2MB

52　第3章／ハードディスク

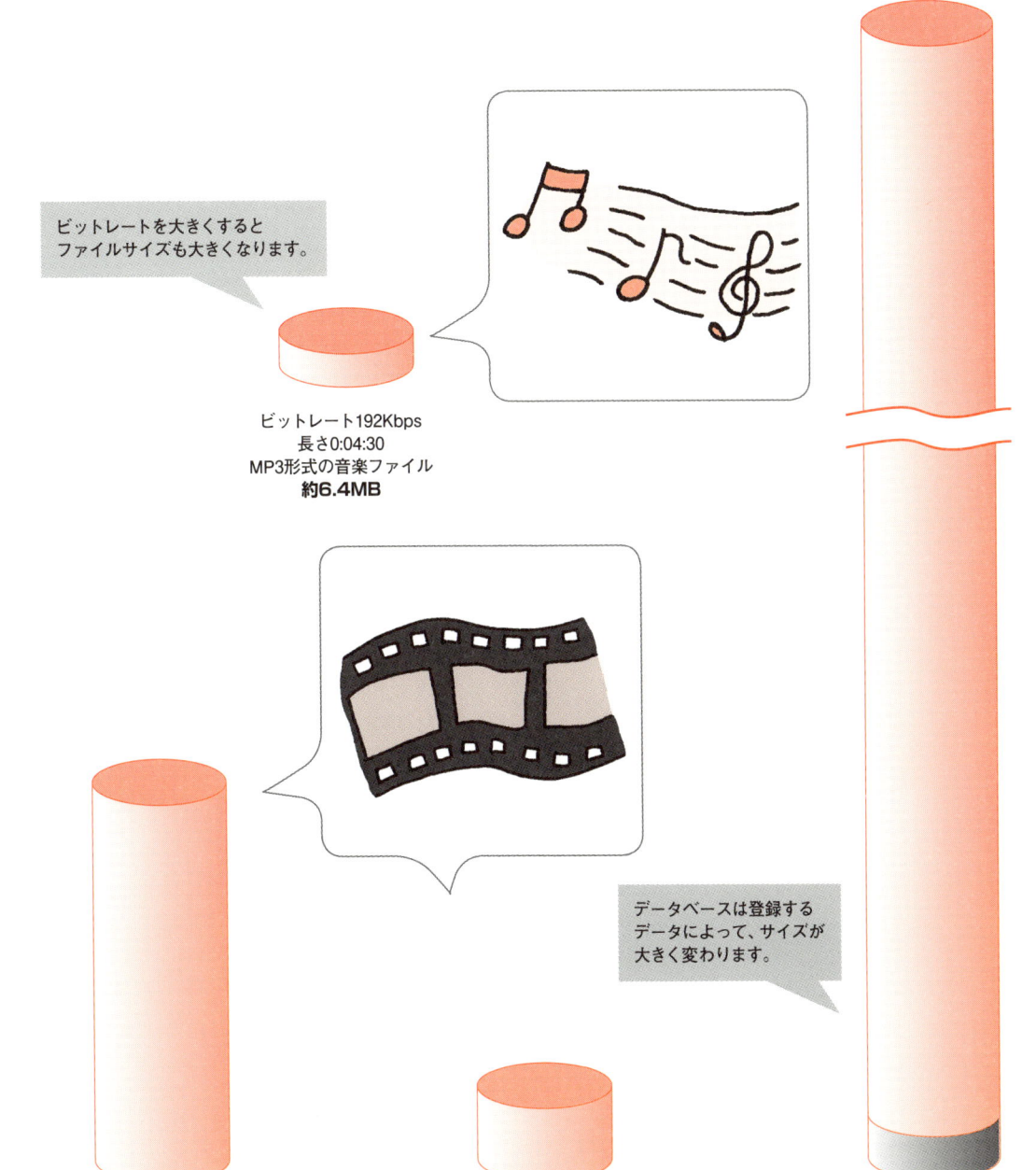

ビットレートを大きくすると
ファイルサイズも大きくなります。

ビットレート192Kbps
長さ0:04:30
MP3形式の音楽ファイル
約6.4MB

データベースは登録する
データによって、サイズが
大きく変わります。

サイズ 720x480
ビットレート 6224Kbps
長さ00:31:17
MPEG-2形式の動画ファイル
約1.47GB

サイズ 640x360
映像ビットレート 730Kbps
音声ビットレート 320Kbps
長さ00:24:17
MPEG-4形式の動画ファイル
約136.4MB

データベース
数KB～数TB

データのサイズ (2) 53

COLUMN コラム
～ハードディスク登場以前～

　私たちがパソコンを購入するとき、ハードディスクの容量は気にしても、ハードディスクが付いているかどうかは気にしませんね。しかし、ハードディスクは最初からパソコンに搭載されていたわけではありません。

　ハードディスクを搭載したパソコンが市場に登場しはじめたのは、1980年代初めのことです。外付けのハードディスクも存在していましたが、いずれにせよ大変高価で、簡単に手に入れられるものではありませんでした。では、ハードディスクが一般的ではない時代のユーザーはどうしていたのでしょうか。こうした時代におもに利用されたのは、フロッピーディスク（フロッピーディスクドライブ、FDD）やカセットテープです。

　フロッピーディスクは、磁気ディスク（磁気体を塗布した円盤）を、保護ケースに入れた記憶メディアです。フロッピーディスクドライブに挿入し、磁気ディスクを回転させて読み書きを行うしくみになっていて、ディスクの直径により8インチ（20cm、1970年）、5インチ（13cm、1976年）、3.5インチ（9センチ、1980年）のものが知られています。

　3.5インチサイズのものは、ハードディスクが一般的になってからも、データのバックアップやネットワーク環境が不十分なころのデータのやりとりによく利用されていたので、見かけたことがある人もいるでしょう。もしかしたら、まだ現役で利用している場所もあるかもしれません。ただ、広く使われた2HDという規格でも記録容量は1.44MBと小さく、より大容量の記録メディアが出現したり、ネットワークを介したやりとりが普及するにつれて、活躍の場を譲るようになっていきました。

　このフロッピーディスクのドライブやメディアが、まだ高価で入手が難しかった頃に使われていたのがカセットテープです。プログラムやデータを保存したいときには、パソコンにテープレコーダをつなぎ、パソコンが扱うデジタルの情報をアナログの音声に変換して録音します。逆に保存したプログラムやデータを使うときには、このカセットテープを再生してパソコンに読み込ませてから、利用したのです。一般的な音楽用のカセットテープももちろん使えましたが、そもそも当時のパソコンの性能ではそんなに長い（容量の大きい）プログラムやデータは扱えません。そのためパソコン専用の10分や15分のカセットテープが売られていました。

　今ではちょっと考えられない光景です。時代の移り変わりを感じますね。

3.5 inch Floppydisk　　　cassette tape

第4章 いろいろな記憶装置

第4章は ここが key!

Topics 持ち運べるように

　ハードディスクは、記憶容量が大きく、外部記憶装置としては読み書きの速度が比較的速いので、パソコンの記憶装置として最もよく使われています。しかし、衝撃に弱いので、頻繁に持ち運ぶ用途には向いていません。また、ハードディスクは、ディスクと読み書きする装置が一体化しているので、ソフトウェアやデータの配布に使われることはありません。

　そうしたハードディスクの不得意な分野をカバーするために、さまざまな記憶装置が登場しました。最もよく使われているのは、レーザー光線を使ってデータを読み書きする光ディスクです。その中でも**コンパクトディスク**（CD）は、もともと音声情報を記録するために作られました。そして、後になって**CD-ROM**というコンピュータのデータを記録するための仕様も作られました。CD-ROMは、安価に制作できるので、ソフトウェアやデータの配布用に非常に普及しています。現在、一部のノートパソコンを除けば、ほとんどのパソコンがCD-ROMを読み取るための装置を内蔵しています。

　CD-ROMは、パソコンで読み込みだけできる媒体ですが、パソコンのユーザーが自由に書き込めれば、さらに便利です。そこで、書き込みできるCDとして登場した規格が、**CD-R**や**CD-RW**です。CD-Rは書き込みだけ可能で、消去や書き換えはできません。CD-RWは、全体を消去した後、再度書き込むことができます。

Topics: より多くのデータを記録したい

　CDには、650〜700MBの情報を記録できます。しかし、映画などの動画情報を記録するのには、容量が不足していました。そこで登場したのが、**DVD**です。DVDは、CDの6倍以上の情報を記録でき、720×480ピクセルの動画を2時間以上記録できます。そのため、現在、動画情報を記録する媒体として最もよく使われています。また、パソコンで使用するソフトウェアやデータの記録媒体としても非常に一般的になっています。

　最近では、動画がハイビジョンになってきています。DVDは、CDに比べれば大容量ですが、ハイビジョンの動画（最大1920×1080ピクセル）を、長時間記録するには容量が不足していました。ハイビジョンの動画を記録するために開発されたのが、**ブルーレイディスク**（Blu-ray Disc、BD）です。DVDよりも波長の短い青色レーザー光を使って情報を読み書きします。BDには、DVDの5倍以上の情報を保存でき、徐々にBDで高画質の映画を収録して販売する形が増えてきています。

　第4章では、これらCD、DVD、BDなどの、ハードディスク以外のさまざまな記憶装置について紹介しています。これらのディスクを持っていれば、手元において本章を読むのも楽しいでしょう。

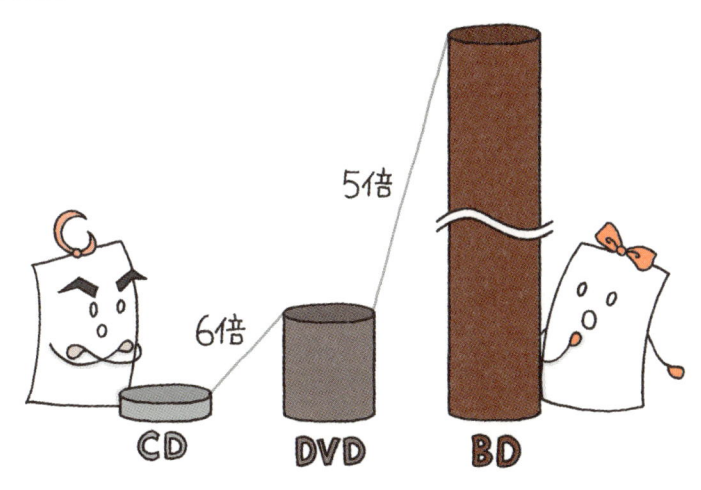

コンパクトディスク

コンパクトディスクは、ソニーとPhilipsが開発し、1982年に販売が開始されました。

コンパクトディスクとは

コンパクトディスク（CD）は、音楽やコンピュータのデータを記録しておくことのできる光ディスクです。

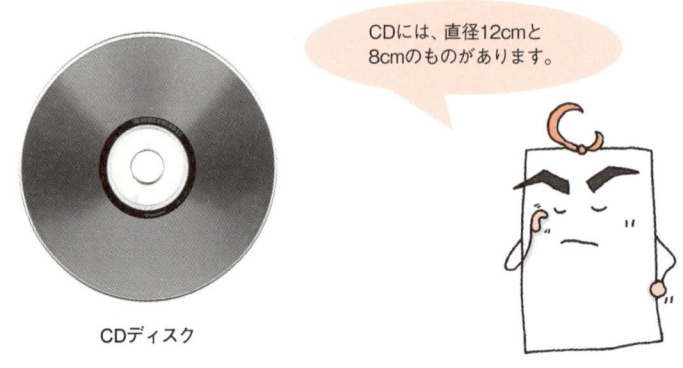

> CDには、直径12cmと8cmのものがあります。

CDディスク

読み取りの仕組み

CDは、赤色レーザー光を当てて読み取られます。CDの盤面には、**ピット**と呼ばれる小さな突起があり、その有無によってレーザー光の反射量が変わり、デジタル信号になります。突起のないところは、**ランド**と呼ばれます。

> CDの大部分は、ポリカーボネートというプラスチックで作られています。

強い反射　レーザー光　弱い反射
ランド　　　　　　　ピット

ピット→ランド、ランド→ピットに変化したところが、1になります。
変化しないところは、0になります。

CDの種類

≫ 音楽CD

CDに音声情報を記録する規格のことを、**CD-DA**（Compact Disc Digital Audio）といいます。2チャンネルステレオで、最大74〜80分記録できます。

> 74分という記録時間は、ベートーベンの第九交響曲を収録できるようにしたため、といわれています

≫ CD-ROM

CD-ROM（Compact Disc Read Only Memory）は、パソコンなどで使用するデータを記録したCDで、読み込みだけできます。650〜700MBの容量があります。

> 音楽CDの48倍の速さで読み込む場合もあります。

≫ ビデオCD

CDに動画情報と音声情報を記録する規格のことを、**ビデオCD**（VCD）といいます。通常のテレビ（日本の場合720×480ピクセル）の約4分の1の解像度で記録できます。

> ビデオCDには、コピーガードの仕組みがありません。

書き込み可能なCD

書き込み可能なCDには、CD-RとCD-RWがあります。

CD-R
シーディーアール

CD-Rは、パソコンなどを使って書き込みのできるCDです。一度書き込んだデータは、変更したり消去したりできません。

書き込み

消去

CD-Rは、ほとんどのCDドライブで、読み込み可能です。

CD-RW
シーディーアールダブリュー

CD-RWは、パソコンなどを使って書き込み、消去のできるCDです。また、全体を消去した後で書き込みを行うことで書き換えもできます。

最近のOSでは、パケットライトと呼ばれる方式で、ファイル単位での書き換えができるようになっています。

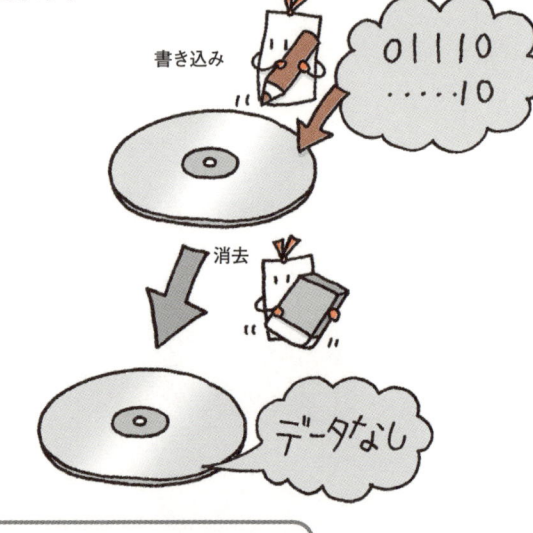

書き込み

消去

データなし

CD-RやCD-RW媒体は、コンピュータ／データ用と音楽用の2種類があります。音楽用は、著作権者への補償金が含まれています。

書き込みの仕組み

CD-Rの場合、書き込み時に、色素の膜を強いレーザー光線で焦がした部分と焦がさない部分を作り、その反射率の違いで信号を読み取ります。

レーザー光 → 焦がした部分

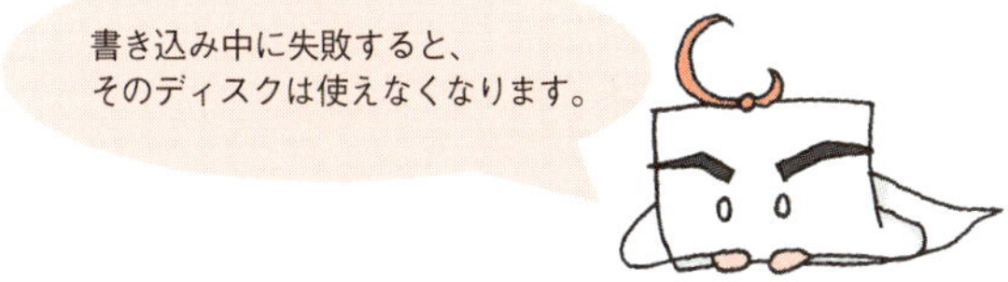

> 書き込み中に失敗すると、そのディスクは使えなくなります。

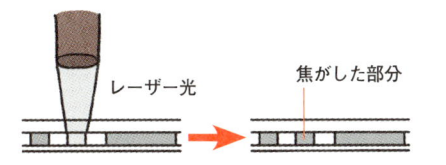

CD-RWは、結晶状態と非結晶状態を繰り返し変化させることのできる材料を使っています。書き込み時に、結晶状態の箇所と非結晶状態の箇所を作り、その反射率の違いで信号を読み取ります。

レーザー光 → 結晶状態 / 非結晶状態

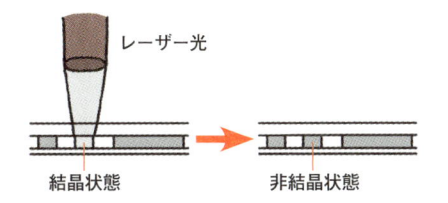

> CD-R/RWへの書き込みには、専用のライティングソフトが必要でしたが、XP以降のWindowsは、標準機能で書き込むことができます。

記録方式

CD-RやCD-RWの記録方式として、**ディスクアットワンス方式**と**インクリメンタルライト方式**があります。

ディスクアットワンス方式：ディスク全体に一度に書き込みます。後からの追記はできません。

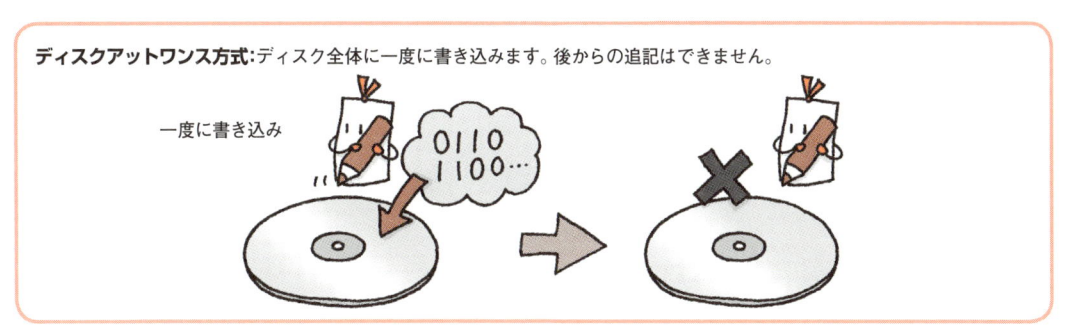

一度に書き込み 0110 1100… → ✗

インクリメンタルライト方式：データを追記形式で書き込んでいきます。ただし、読み込めないCDドライブが多くあります。

書き込み 0110 1100… → 追記 1100 0001…

> インクリメンタルライト方式では、ファイナライズという処理をすると、追記できなくなります。

書き込み可能なCD 61

DVD

DVDは、1996年に販売開始された大容量の光ディスクです。現在、広く普及しています。

DVDとは

DVD（Digital Versatile Disc）は、CDの6倍以上もの容量を持つ光ディスクです。映画などの動画情報を記録するのに多く使われています。

DVDディスク

> DVDは、表と裏の両面にデータを記録できるタイプのものもあります。

DVDの種類

▶DVD-Video（ディーブイディービデオ）

DVD-Videoは、DVDに動画情報と音声情報を記録する規格のことです。映像の最大ビットレートは、9.8Mbpsになります。日本での解像度は、720×480ピクセルです。

> 音声も、CD以上の音質で記録できます。

> DVDには、「リージョンコード」と呼ばれる地域情報が記録されています。プレーヤーとディスクのリージョンコードが一致しないと再生できません。
> 日本のコードは、2です。

▶DVD-ROM（ディーブイディーロム）

DVD-ROMは、パソコンなどで使用するデータを記録したDVDです。読み込みだけできます。4.7〜17GBの容量があります。

記録容量

DVDの記録容量は、次のとおりです。CDと違って両面に記録できる規格もあります。また、片面に2層の記録層を持つ場合もあります。

種類	12cm	8cm
片面1層	4.7GB	1.4GB
片面2層	8.54GB	2.6GB
両面1層	9.4GB	2.8GB
両面2層	17.08GB	5.2GB

両面に記録されたDVDを再生する場合、通常、途中でディスクを裏返す必要があります。

読み取りの仕組み

DVDは、赤色レーザー光を当てて、CDと同じような方式で信号を読み取ります。ただし、CDに比べてDVDのピットは小さく、高い密度で記録できます。また、反射層が2面ある場合、一つめの反射層は薄い半透明の素材でできています。

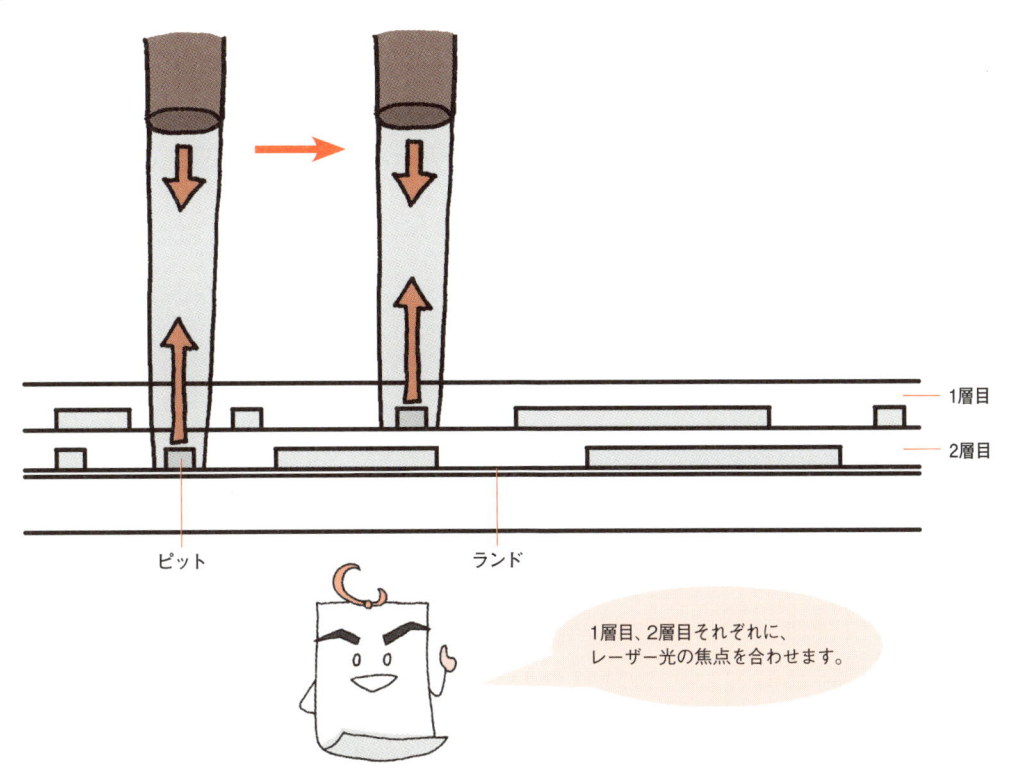

ピット　ランド　1層目　2層目

1層目、2層目それぞれに、レーザー光の焦点を合わせます。

書き込み可能なDVD

書き込み可能なDVDには、いろいろな種類があります。

P DVD-R※
　　ディーブイディーアール

DVD-Rは、パソコンなどを使って書き込みのできるDVDです。一度書き込んだデータは、変更したり消去したりできません。

書き込み

DVD-Rは、多くのDVDドライブで読み込み可能です。

消去

DVD-Rなどの媒体は、コンピュータ／データ用と録画用の2種類があります。録画用には、著作権者への補償金が含まれています。

P DVD-RW※
　　ディーブイディーアールダブリュー

DVD-RWは、パソコンなどを使って書き込み、消去のできるDVDです。また、全体を消去した後で書き込むことで書き換えもできます。

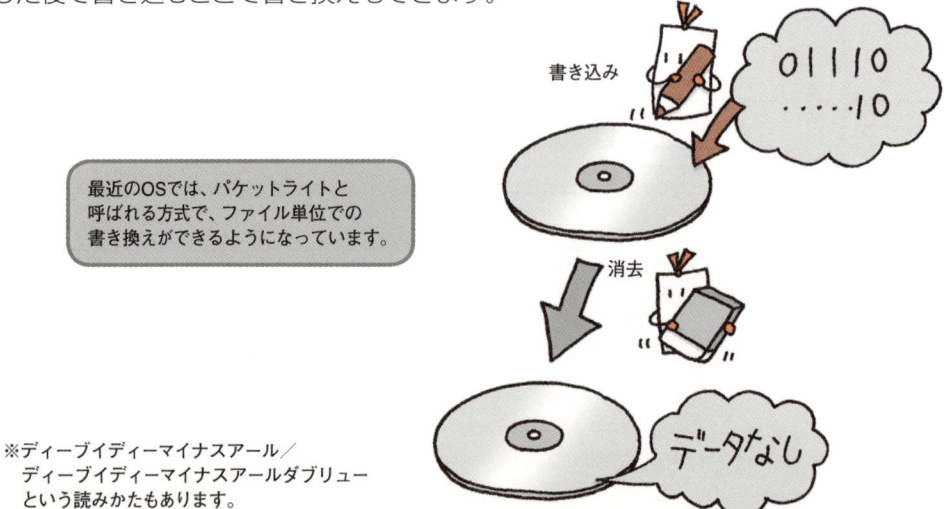

最近のOSでは、パケットライトと呼ばれる方式で、ファイル単位での書き換えができるようになっています。

書き込み

01110
……10

消去

データなし

※ディーブイディーマイナスアール／
　ディーブイディーマイナスアールダブリュー
　という読みかたもあります。

DVD-RAM

DVD-RAMも、パソコンなどを使って書き込み、消去のできるDVDです。特定のデータへの直接アクセスが高速だったり、通常のファイル操作でデータを読み書きできるので便利です。しかし、DVD-RAM対応ドライブ以外で読み込むことができません。

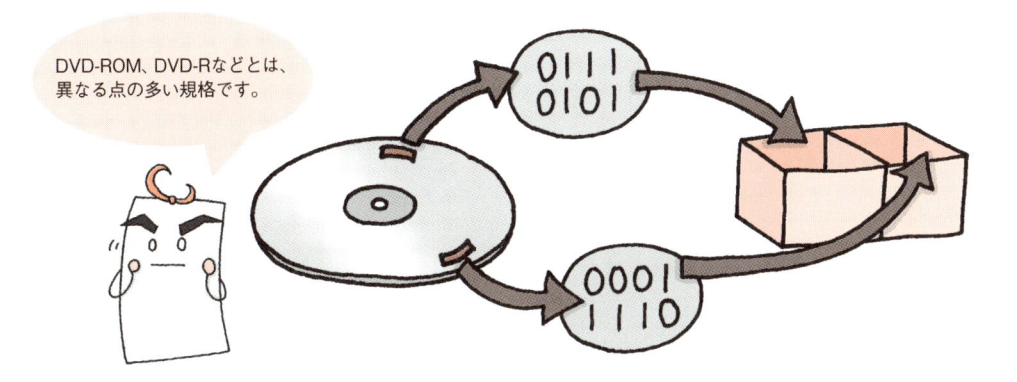

> DVD-ROM、DVD-Rなどとは、異なる点の多い規格です。

DVD+R、DVD+RW

DVDの正式な規格ではありませんが、「DVD+RWアライアンス」の制定したDVD+R、DVD+RWという規格もあります。これらは、DVD-RやDVD-RWに比べて、DVD-ROMのデータフォーマットと高い互換性を持っています。

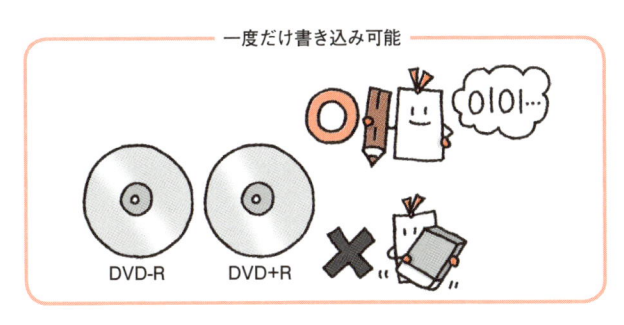

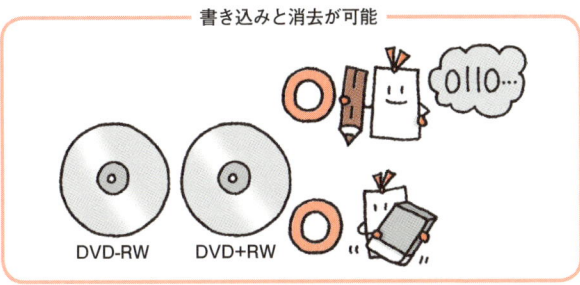

一度だけ書き込み可能

DVD-R　DVD+R

> DVD+R/+RWは、ソニー、Hewlett-Packard、Philipsなどの企業が提唱している規格です。

書き込みと消去が可能

DVD-RW　DVD+RW

書き込み可能なDVD

ブルーレイディスク

ブルーレイディスクは、最も新しい容量の大きい光ディスクです。

ブルーレイディスクとは

ブルーレイディスク（Blu-ray Disc、BD）は、DVDの5倍の容量を持つ光ディスクです。青色レーザー光を使って読み書きを行います。

ハイビジョン映像を2時間以上記録することができます。

ブルーレイディスク

BD-MV、BD-ROM

BD-MV（Blu-ray Disk Movie）は、BDで動画情報や音声情報を記録するためのアプリケーションフォーマットです。読み込み専用のBD-ROMディスクが使われます。

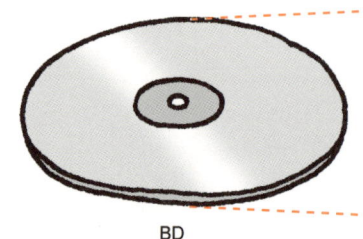

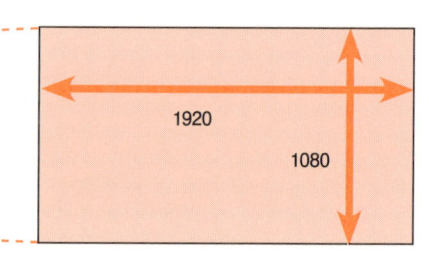

BD-Videoとも呼ばれます。

54Mbpsの転送速度を持ち、フルハイビジョン（1920×1080ピクセル）の動画を記録、再生することが可能です。

BD

1920
1080

BD-R

BD-R（Blu-ray Disc Recordable）は、一度だけ書き込みのできるBDです。BDAV（Blu-ray Disc Audio/Visual）と呼ばれるアプリケーションフォーマットが使われています。

DVD-Rよりも経年変化に強い材料を使ったディスクもあります。

書き込み
消去

BD-RE

BD-RE（Blu-ray Disc Rewritable）は、書き込みと消去のできるBDです。ファイル単位での書き換えが可能です。

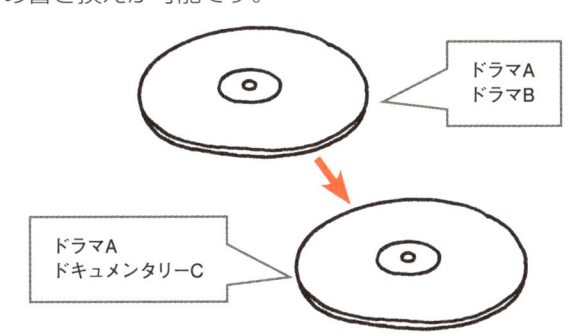

ドラマA
ドラマB

ドラマA
ドキュメンタリーC

BDの場合、最初に書き換え型の規格が決められ、その後に読み込み専用の規格が決まりました。

記録容量

BDの記録容量は、次のとおりです。4層以上の記録層を持つディスクも試作されています。

種類	12cm	8cm
片面1層	25GB	7.5GB
片面2層	50GB	15GB

BDは、DVDと違って両面の規格はありません。

光ディスクドライブの種類

一部のノートパソコンを除いて、たいていのパソコンに光ディスクドライブが付いています。

いろいろな光ディスクドライブ

光ディスクドライブは、CD、DVD、BDのディスクをパソコンで扱うための装置です。DVDドライブは、CDのデータを読み込めます。BDドライブは、CDとDVDのデータを読み込めます。

パソコンに内蔵するタイプと、外付けにするタイプがあります。

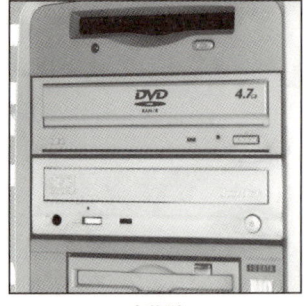

内蔵型 　　外付け型

CD、DVDの複数の規格に対応したドライブのことを、**コンボドライブ**や**マルチドライブ**などと呼ぶことがあります。

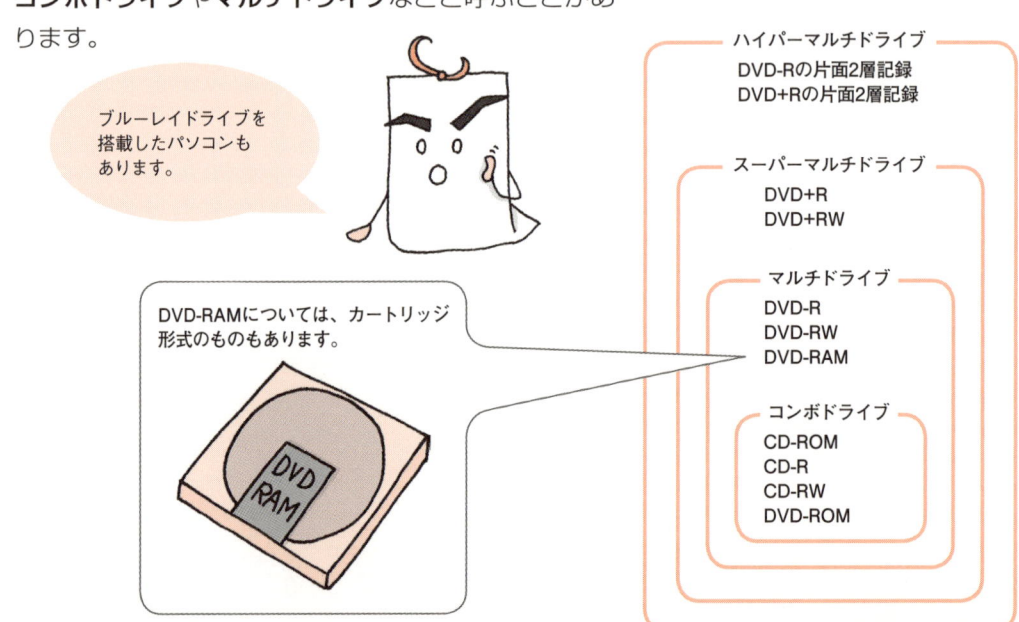

ブルーレイドライブを搭載したパソコンもあります。

DVD-RAMについては、カートリッジ形式のものもあります。

ハイパーマルチドライブ
DVD-Rの片面2層記録
DVD+Rの片面2層記録

スーパーマルチドライブ
DVD+R
DVD+RW

マルチドライブ
DVD-R
DVD-RW
DVD-RAM

コンボドライブ
CD-ROM
CD-R
CD-RW
DVD-ROM

回転速度

多くの光ディスクドライブは、規格の数倍の速度でディスクを回転させて、高速に読み書きできるようになっています。カタログなどに「×4」と書いてある場合、4倍速で読み込みまたは書き込みできるという意味になります。

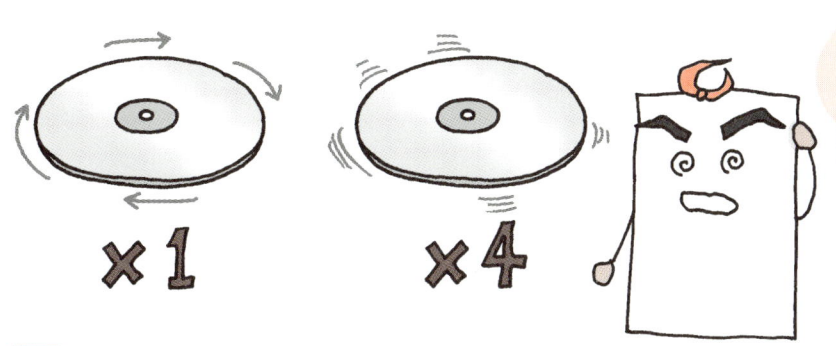

CD-ROMの場合、48倍速程度が、上限になります。

接続方法

光ディスクドライブは、パソコン内蔵型の場合、マザーボード上のIDEコネクタ、またはシリアルATAコネクタに接続します。外付けの場合、USBポートに接続します。

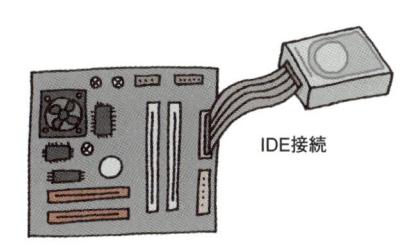

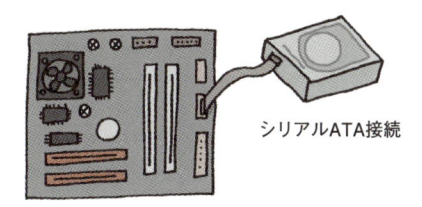

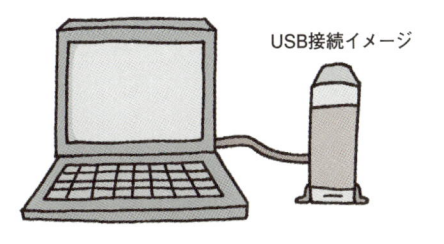

IDE接続

シリアルATA接続

IDEのことを、パラレルATA (p.44) と呼ぶことがあります。

USB接続イメージ

コーデック

音声情報や映像情報は、さまざまなコーデックを使って圧縮されます。

P コーデック

音声や映像のデジタル情報を圧縮／展開するのに使われるソフトウェアやアルゴリズムのことを**コーデック**といいます。

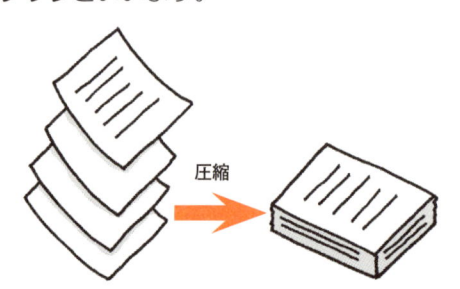

> ハードディスクや光ディスクで使用する容量やネットワークのデータ転送時間を節約できます。

P 可逆圧縮と非可逆圧縮

元のデータと、圧縮／展開をした後のデータがまったく同じになる圧縮方法のことを、**可逆圧縮**といいます。同じにならない圧縮方法のことを**非可逆圧縮**といいます。

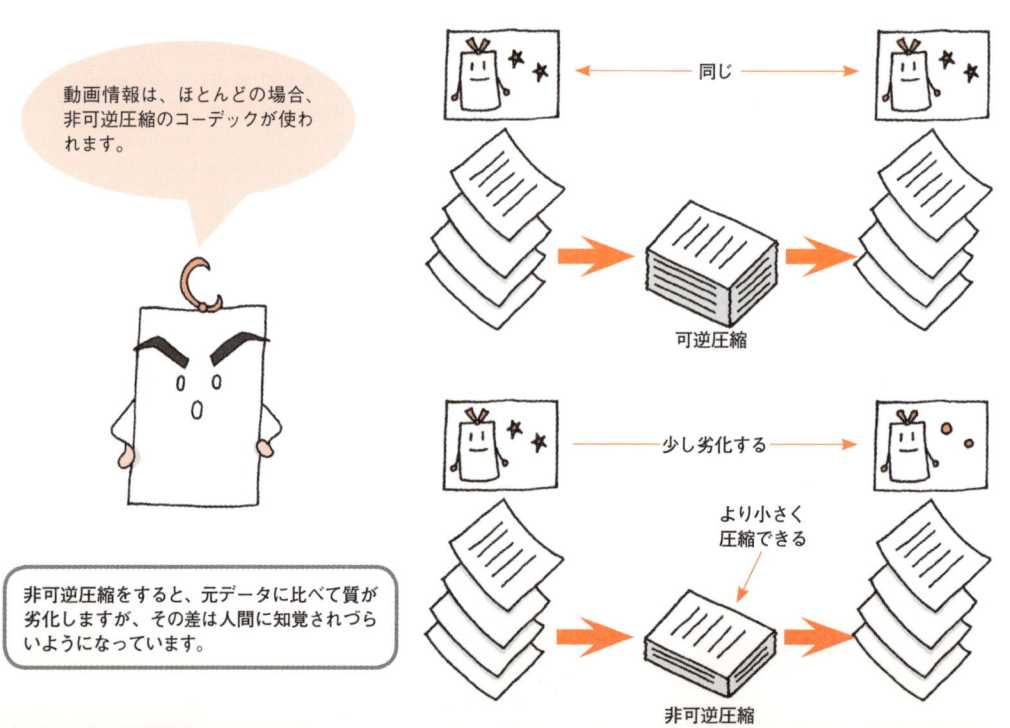

> 動画情報は、ほとんどの場合、非可逆圧縮のコーデックが使われます。

同じ
可逆圧縮

少し劣化する
より小さく圧縮できる
非可逆圧縮

> 非可逆圧縮をすると、元データに比べて質が劣化しますが、その差は人間に知覚されづらいようになっています。

よく使われるコーデック

パソコンでは、次のコーデックがよく使われています。

≫音声

名称	圧縮方法	特徴
MP3	非可逆	携帯型オーディオ用に広く普及しています。元の10分の1程度のサイズに圧縮しても、音楽を楽しむのに通常問題ないといわれています。
AAC	非可逆	高音質／高圧縮を目的に標準化されたコーデックです。
WMA	非可逆	Microsoftの開発したコーデックです。
ATRAC	非可逆	ソニーの開発したコーデックです。
FLAC	可逆	オープンソースのコーデックです。可逆圧縮の中では、よく使われています。
Apple Lossless	可逆	Appleの開発したコーデックです。

≫静止画

名称	圧縮方法	特徴
JPEG	非可逆	Webやデジタルカメラで、非常によく使われています。
GIF	可逆	256色以下の画像を扱えます。Webでよく使われます。
PNG	可逆	256色を超える画像を扱えます。最近のほとんどのWebブラウザで利用できます。

≫動画

名称	圧縮方法	特徴
MPEG-1	非可逆	ビデオCDなどで使われています。
MPEG-2	非可逆	DVD-Videoなどで使われています。
MPEG-4	非可逆	低速度の回線での使用を考慮した、高圧縮のコーデックです。
Motion JPEG	非可逆	各フレームを静止画のJPEG形式で圧縮しています。
RealVideo	非可逆	RealNetworks社の開発したコーデックです。
WMV	非可逆	Microsoftの開発したコーデックです。
Huffyuv	可逆	動画編集や高画質録画で使われます。

MPEG-3は、MPEG-2に吸収されたため、欠番になっています。

光ディスク以外の記憶装置

CD、DVD、BD以外にも、パソコンで使用できる記録装置があります。

フロッピーディスク

フロッピーディスクは、磁気を使って情報を記録するディスクで、持ち運び可能な記録媒体です。以前は、ほとんどのパソコンで使用することができました。8インチ、5インチ、3.5インチのフロッピーディスクが、広く普及しました。

> 記録容量は、720KB、1.23MB、1.44MBの3種類が一般的でした。

> コラム「ハードディスク登場以前」(p.54)も読んでみてください。

MOディスク

MOディスクは、赤色レーザー光と磁気を使って情報を記録するディスクです。フロッピーディスク同様、持ち運ぶことができます。しかし、書き換え可能なCDやDVDの影響で、あまり使われなくなってきています。

> 外部からの紫外線や磁気に強く、高い耐久性を持っています。

> 記録容量の種類は、128MB、230MB、540MB、640MB、1.3GB、2.3GBです。

USBメモリ

USBメモリは、パソコンのUSBポートに直接接続して使用できるフラッシュメモリ（p.31）です。最近のOSでは、USBポートに接続するだけで簡単に使用できます。数GBの記録容量であれば数千円程度なので、広く普及しています。

> 100GB以上の記録容量を持つタイプも登場しています。

> 小さく、失くしやすいので、注意しましょう。

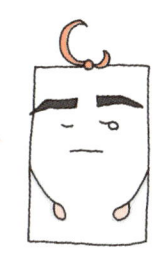

SDメモリーカード

SDメモリーカード（p.31）は、フラッシュメモリを使ったカード型の記録媒体です。パソコンのほかにも、携帯電話やデジタルカメラなどでも広く使用されています。

> miniSDやmicroSDは、変換アダプタに入れることで、SDカードとして使うこともできます。

SD　　　　　miniSD　　　　　microSD

> 2〜32GBの記録容量に対応したものを、SDHCメモリーカードといいます。32GB超の記録容量に対応したものをSDXCメモリーカードといいます。

Flash SSD

HDDの機能をフラッシュメモリを使って実現した記録装置のことを、**Flash SSD**（Flash Solid State Drive）といいます。たんにSSDと呼ばれることが多いです。

> HDDに比べて、低消費電力、低騒音、高速なデータ読み込みといったメリットがあります。

COLUMN コラム
～DiskとDisc～

　ハードディスク、コンパクトディスク（CD）というように、円盤状の媒体に情報を記録する装置のことを、「○○○ディスク」といいます。CDのように、媒体を持ち運べる場合は、媒体そのもののことも「ディスク」といいます。

　日本語では、すべてディスクですが、英語で表記すると、diskとdiscの2通りがあります。ほとんどの場合、ハードディスクは、Hard disk。CDは、Compact discと表記します。この2つは、どのように使い分けられているのでしょうか。

磁気ディスクか光ディスクか

　ハードディスクやフロッピーディスクのような、磁気を使って情報を記録する場合、diskと表記されることが多いようです。一方、CD、DVD、ブルーレイディスクのような、レーザー光を使って情報を記録する場合は、discと表記されることが多いようです。

　アメリカでは、円盤状のものを表現するときにdiskをよく使い、イギリスではdiscをよく使います。ハードディスクやフロッピーディスクは、アメリカで発明／発達したので、diskと表記されるようになったようです。

　光ディスクの元祖はCDですが、CDは、もともと音楽を記録するために作られました。CD登場以前、音楽を記録していた媒体は、レコードです。このレコードのことを、アナログディスクともいいますが、Analog discと表記していました。CDは、アナログディスクの後継なので、この表記を受け継いでdiscと表記し、光ディスク全般がdiscになったようです。

　では、磁気とレーザー光の両方を使うMOディスク（光磁気ディスク）の場合はどうなのでしょうか。DiskとDiscの両方のパターンがあるようですが、少しだけDiskのほうが多いようです。これは、次の使い分け（ケースに覆われているかどうか）が関係しています。

ケースに覆われているかどうか

　ハードディスクの場合、磁気を帯びた円盤状の記憶媒体は、金属のケースの中に入っていて、直接触れることはできません。フロッピーディスクも、円盤状の記憶媒体自体はプラスチックのケースの中に入っていて、触れられません。一方、CDなどの光ディスクは、ほとんどの場合、その円盤状の記憶媒体に直接触れることができます。そのため、ケースに覆われている場合はdisk、覆われていない場合はdiscと使い分けることもできそうです。

　MOディスクの場合は、媒体がかならずケースに覆われているので、この使い分けでいえば、MO diskという表記になるわけです。

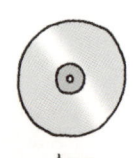

第5章 ネットワークインターフェース

第5章はここがkey!

Topics ネットワークにつなぐための機器

　コンピュータ用語で**ネットワーク**といったとき、パソコンどうしを何らかの手段でつないで通信できる状態にした**コンピュータネットワーク**のことを指します。会社や学校のパソコンどうしでデータのやりとりをしたり、インターネットに接続してWEBサイトやメールをチェックしたりと、最近ではネットワークの利用が当たり前になっていますね。パソコンを外部とつなぐことなく、1台だけで使うこと（**スタンドアロン**）のほうが少ないのではないでしょうか。

　オフィスや学校、あるいは家庭の中など比較的狭い範囲にある機器どうしをつないだネットワークを**LAN**（Local Area Network）といいます。インターネットは無数のLANがつながりあって形成されているものです。パソコンをこうしたネットワークに接続するには、専用の機器をいくつか用意しなくてはなりません。おもなものは、ネットワークカード、ネットワークケーブル、ハブ、ルーターなどです。

　ネットワークカードは、ネットワークを通じてデータをやりとりする機能をパソコンに追加する装置です。ネットワークケーブルでパソコンやネットワーク機器が正しくつながれば、データは信号に変換されてケーブルの中を通り、ネットワークカードを介してパソコンに出入りします。このようにケーブルを利用した通信を、有線通信といいます。

　一方、有線通信のネットワークケーブルの部分を赤外線や電波に置き換えた通信方法を、無線通信といいます。有線通信ではケーブルが散乱したり、室内のレイアウトや移動の自由が制限されますが、無線通信ではそうした問題が軽減されるので、**無線LAN**としてオフィスや家庭で好まれています。

Topics 高速な通信とは？

　有線通信にしろ無線通信にしろ快適に通信を行うには、ネットワークの速度が重要です。ネットワークの速度は、1秒間に送信できるデータの量を**bps**（Bits Per Second）という単位を使って表します。この数値が大きいほど、1秒間に送れるデータの量が増え、通信速度が速いということになります。たとえば、100Mbpsの通信回線と1Mbpsの通信回線をくらべると、1秒間に前者は後者の100倍のデータを送れるので、後者よりも速いといえます。最近は、インターネット経由で音楽や映像を視聴したり、ダウンロードして購入するようなサービスが普及していますね。音楽や映像は、テキスト文書などと比べるとファイル（データ）のサイズが非常に大きいので、高速かどうかは快適に通信できるかどうかに直接影響します。そのため、通信の高速さは、ますます重要になってきています。

　本章でネットワークに興味が出てきたら、『インターネット技術の絵本』や『TCP/IPの絵本』を読んでみることをお勧めします。

ここが Key!

ネットワークインターフェースとは

ネットワークカードは、ネットワークを利用する機能をパソコンに追加します。

🅿 ネットワークカード

ネットワークカードは、ネットワークを通じてデータをやりとりする機能をパソコンに追加する機器です。パソコンからネットワークへの玄関口になります。

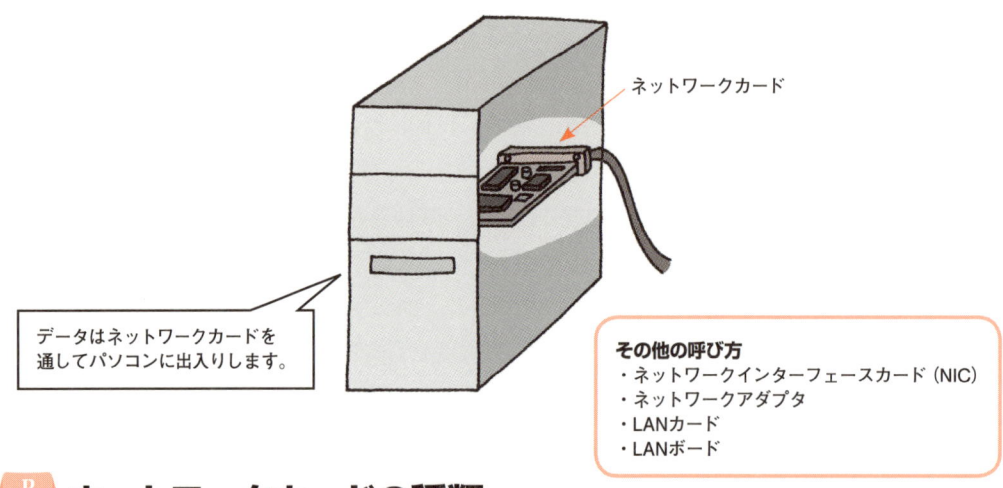

←ネットワークカード

データはネットワークカードを通してパソコンに出入りします。

その他の呼び方
・ネットワークインターフェースカード（NIC）
・ネットワークアダプタ
・LANカード
・LANボード

🅿 ネットワークカードの種類

ネットワークカードには、形状によっていくつかの種類があります。

≫オンボードタイプ

ネットワークに接続するための機能が、マザーボード上に直接搭載されているタイプです。

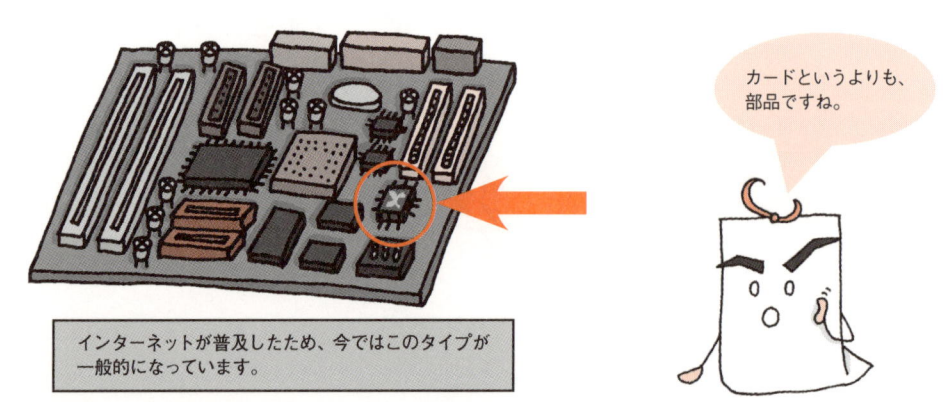

インターネットが普及したため、今ではこのタイプが一般的になっています。

カードというよりも、部品ですね。

≫拡張ボードタイプ
ネットワーク機能を持った拡張カードをパソコンに追加するタイプです。マザーボード上の拡張スロット（差込み口）にはめ込んで利用します。

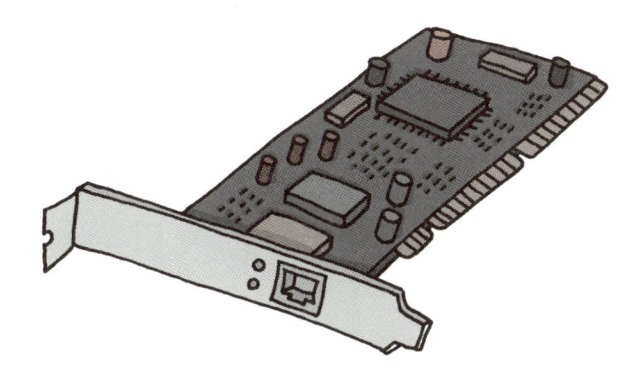

≫USBタイプ
ネットワーク機能を持ったアダプタを、USB接続でパソコンに追加するタイプです。

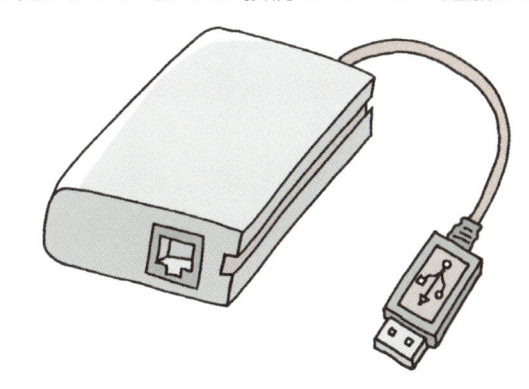

≫PCカードタイプ
ネットワーク機能を持ったPCカード（p.120）をパソコンに追加するタイプです。ノートパソコンのPCカードスロットに接続して利用します。

ネットワークケーブル

通信の方法には有線と無線とがあります。有線の場合には、ネットワークケーブルが必要です。

有線通信

パソコンやネットワーク機器をケーブルでつなぎ、データのやりとりをする方法です。

ネットワークケーブル

ネットワークを構築するときに使われるケーブルは、次のようなものです。大きく分けて**ストレートケーブル**と**クロスケーブル**があります。

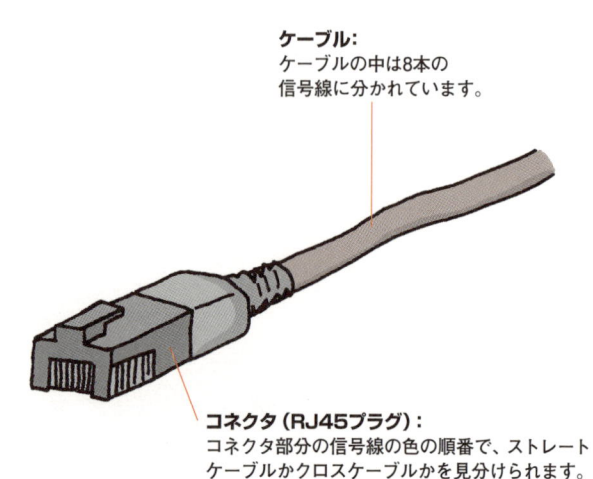

ストレートケーブルとクロスケーブルでは、見た目は変わりません。

LANケーブルやイーサネットケーブルともいいます。

ケーブル：
ケーブルの中は8本の信号線に分かれています。

コネクタ（RJ45プラグ）：
コネクタ部分の信号線の色の順番で、ストレートケーブルかクロスケーブルかを見分けられます。

第5章／ネットワークインターフェース

ケーブルの使い分け

ストレートケーブルとクロスケーブルは、何をどのように接続するかで使い分けます。

▶ ストレートケーブル
パソコンとパソコン以外の機器（ハブやルータなど）を接続する場合に使用します。

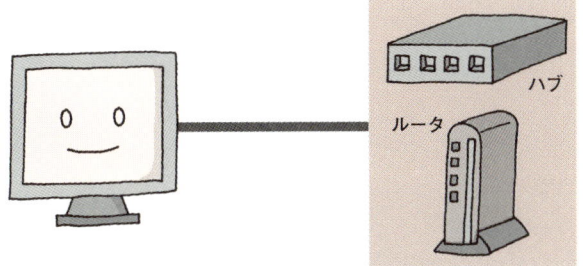

▶ クロスケーブル
パソコンどうしを直接接続して通信する場合に使用します。

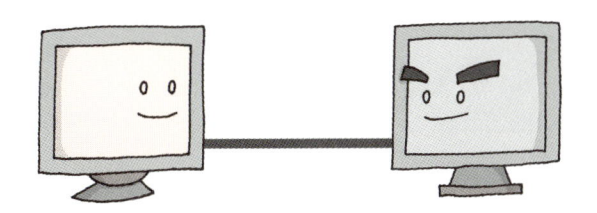

ネットワークケーブルの配線

ストレートケーブルとクロスケーブルでは次のように配線が異なっています。

ストレートケーブル

1 白橙 ——— 1 白橙
2 橙 ——— 2 橙
3 白緑 ——— 3 白緑
4 青 ——— 4 青
5 白青 ——— 5 白青
6 緑 ——— 6 緑
7 白茶 ——— 7 白茶
8 茶 ——— 8 茶

クロスケーブル

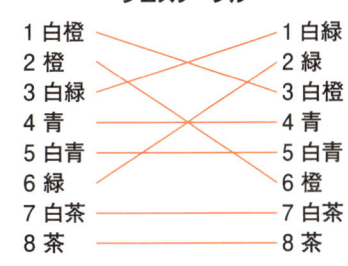

1 白橙 ——— 1 白緑
2 橙 ——— 2 緑
3 白緑 ——— 3 白橙
4 青 ——— 4 青
5 白青 ——— 5 白青
6 緑 ——— 6 橙
7 白茶 ——— 7 白茶
8 茶 ——— 8 茶

クロスケーブルでは中で一部の信号線が交差（クロス）しています。

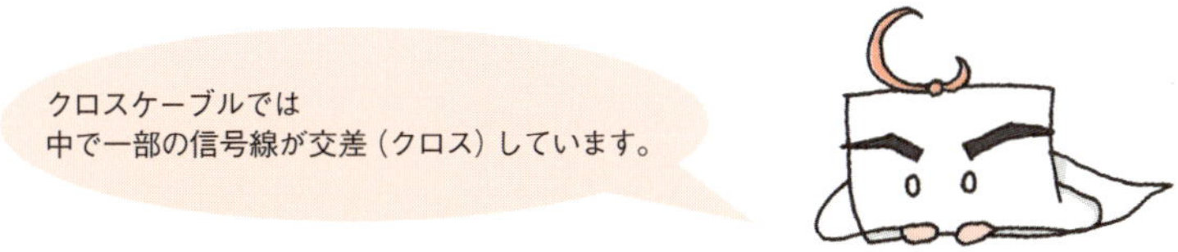

ネットワークへのつなぎかた

ネットワークといってもその内容はさまざまですが、ここでは基本的なつなぎ方と、そのため必要となるおもな機器を紹介します。

LAN (Local Area Network)

大学や研究所、企業の施設内など、比較的狭い範囲にある機器どうしをつないだネットワークをLAN（ラン）といいます。最近では家庭内にLANを構築するケースも増えています。

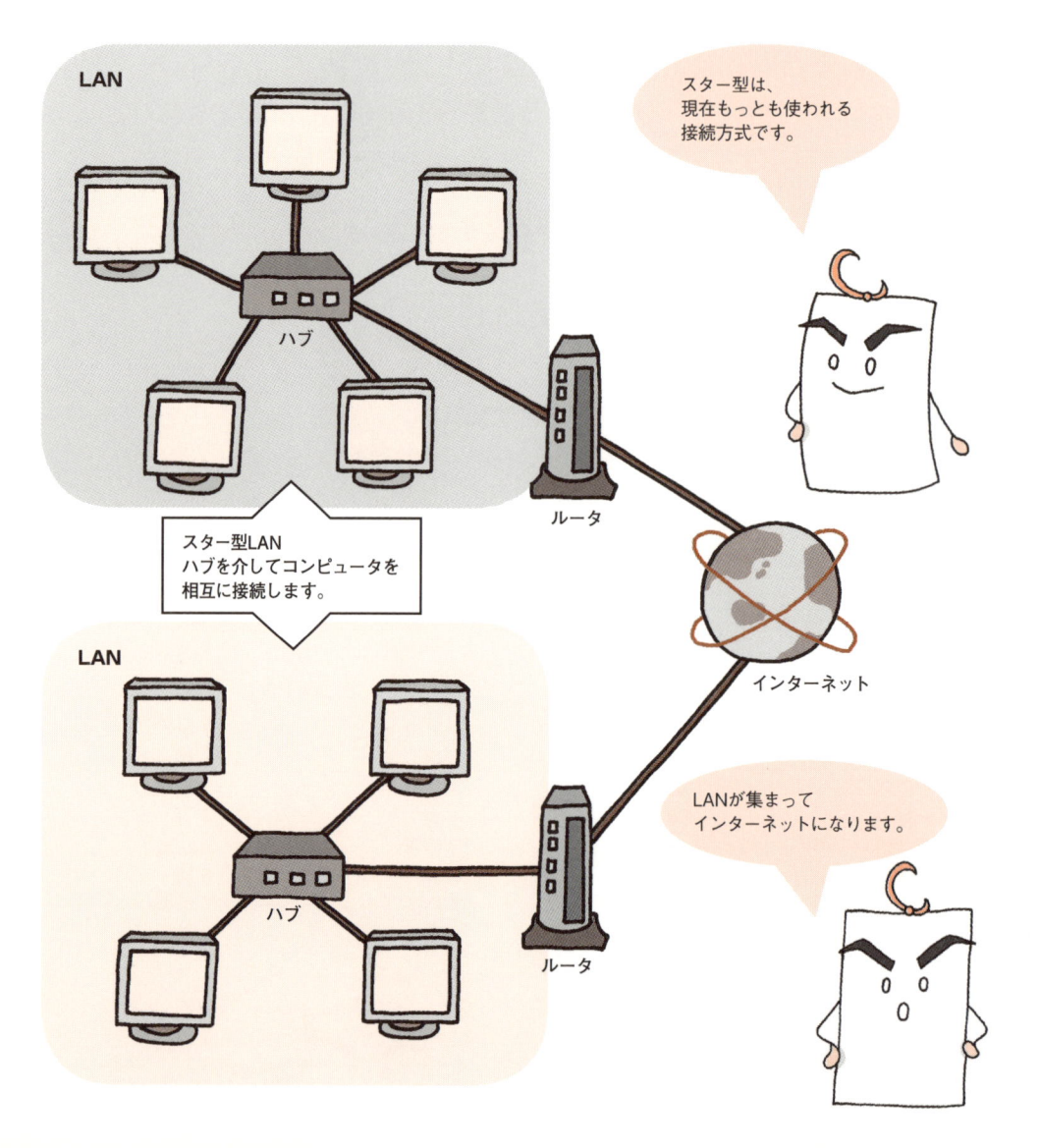

スター型は、現在もっとも使われる接続方式です。

スター型LAN
ハブを介してコンピュータを相互に接続します。

LANが集まってインターネットになります。

第5章／ネットワークインターフェース

ハブ

ネットワーク上でケーブルを分岐させるための機器です。受け取った信号を補正／増幅し、ほかのケーブルに送りだします。

ハブを通してお互いに通信します。

ルータ

異なるネットワーク間をつないで、データが宛先に届くまでの道案内をする機器です。このとき、ルータが行う宛先までの経路決定を**ルーティング**といいます。

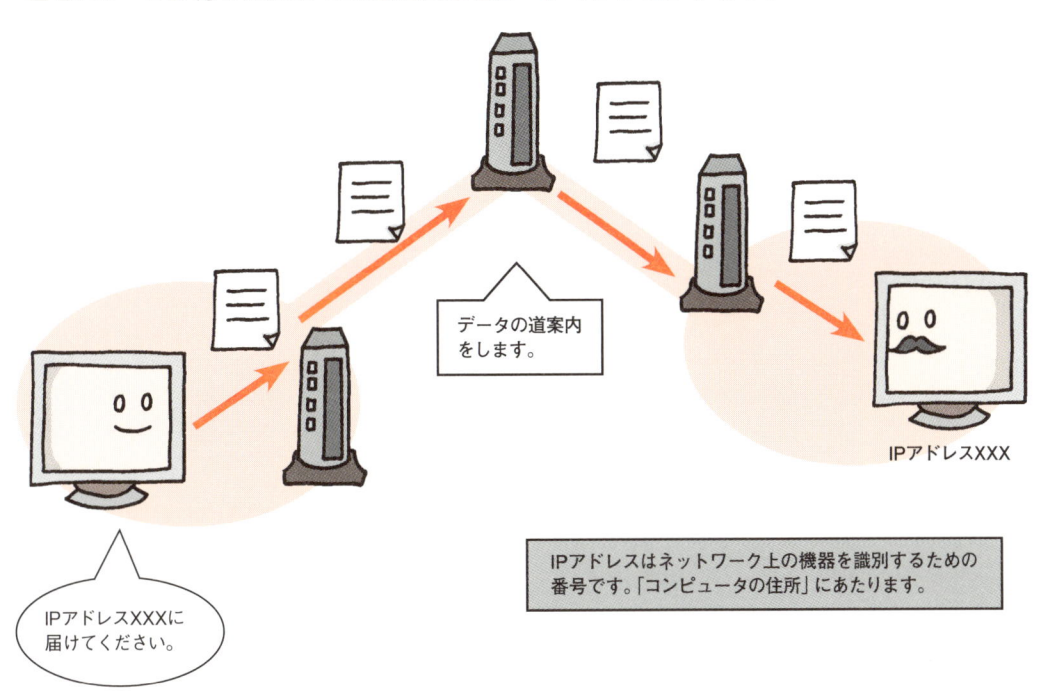

データの道案内をします。

IPアドレスXXX

IPアドレスXXXに届けてください。

IPアドレスはネットワーク上の機器を識別するための番号です。「コンピュータの住所」にあたります。

ネットワークへのつなぎかた　83

無線LAN

オフィスや個人宅など屋内のネットワークでも無線が利用できます。

P 無線LAN

パソコンやネットワーク機器間でのデータのやりとりに、電波や赤外線などを使用する方法を**無線通信**といいます。**無線LAN**は、有線LANのネットワークケーブルの部分を無線通信に置き換えたものです。**親機**と**子機**を使って通信します。

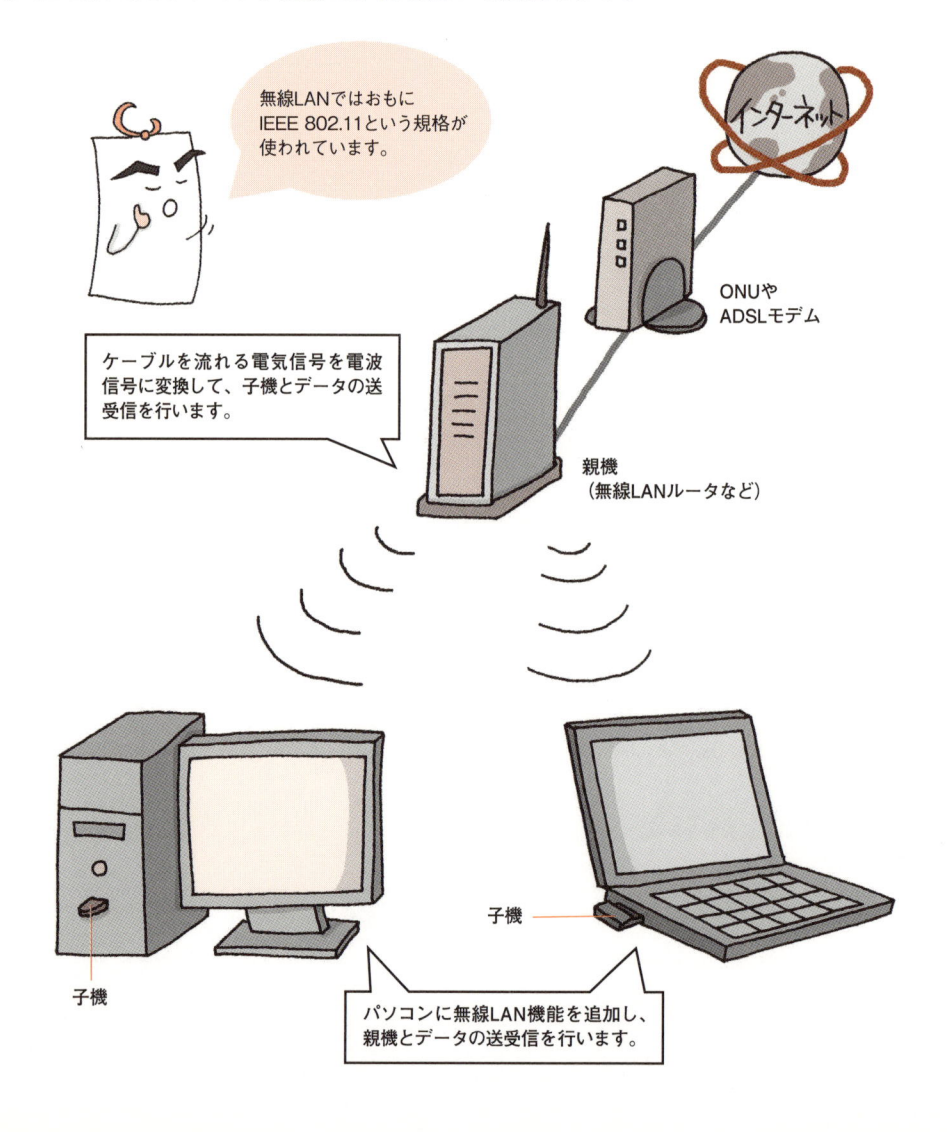

無線LANではおもに IEEE 802.11という規格が使われています。

ケーブルを流れる電気信号を電波信号に変換して、子機とデータの送受信を行います。

ONUや ADSLモデム

親機 （無線LANルータなど）

子機

子機

パソコンに無線LAN機能を追加し、親機とデータの送受信を行います。

≫ 子機の種類

パソコンに無線LAN機能を追加する役目を持つ子機には、形状によっていくつかのタイプがあります。最近のノートパソコンでは、最初から無線LAN機能が内蔵されているものも多くあります。

USBタイプ:
USBでパソコンに接続します。

PCカードタイプ:
ノートパソコンのPCカードスロットに接続します。

イーサネットコンバータタイプ:
パソコンにLANケーブルで接続します。

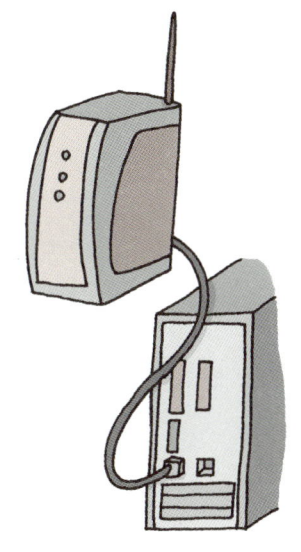

🅟 無線LANのメリット

無線LANの大きなメリットは、配線が不要なことです。

・ケーブルがないのですっきりする
・部屋のレイアウトに影響しない
・自由に移動ができる
・離れた場所からもアクセスできる

無線LAN 85

ネットワークの速度

通信速度の速い、遅いとはどういうことをいうのでしょうか。

📘 通信速度

ネットワークの速度は「1秒間にどれだけのデータを送信できるか」を、**bps**（ビーピーエス）という単位を用いて表します。

bps … Bits Per Secondの略

→ 例：100bpsなら1秒間に100ビットのデータを送信できることになります。

高速通信の普及で次のような単位も使われます。
Kbps … bpsの千倍（キロ）
Mbps … bpsの百万倍（メガ）
Gbps … bpsの十億倍（ギガ）
Tbps … bpsの一兆倍（テラ）

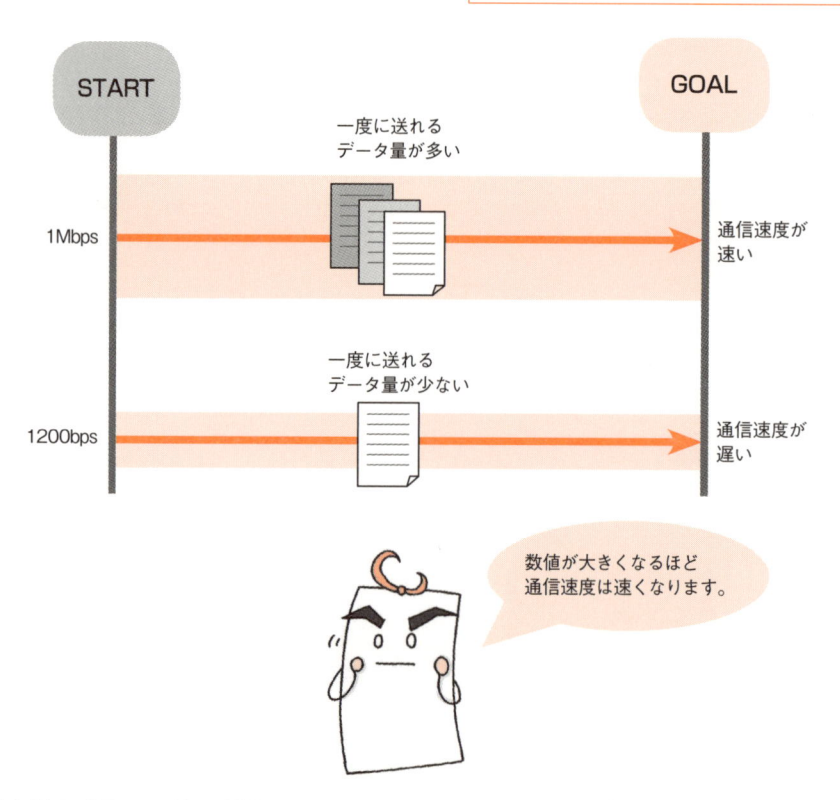

START　　　　　　　　　　　　　　　GOAL

1Mbps　一度に送れるデータ量が多い　　通信速度が速い

1200bps　一度に送れるデータ量が少ない　通信速度が遅い

数値が大きくなるほど通信速度は速くなります。

具体的にはどのくらいの違いがあるのでしょうか。ネットワークといってもさまざまですが、インターネットへの接続方法を例に考えてみましょう。

通信速度の違い

インターネットへの接続方法は、通信速度によってブロードバンドとナローバンドとに大別できます。現在のところ次のように分類できます。

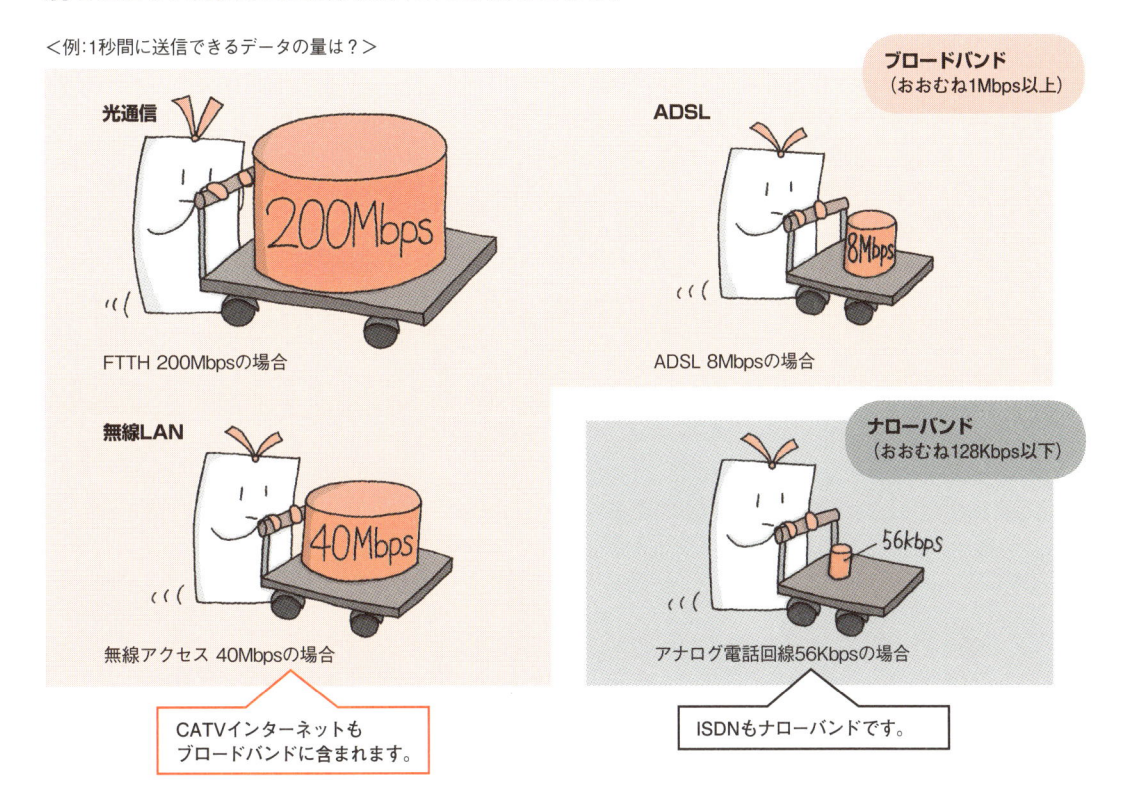

＜例:1秒間に送信できるデータの量は？＞

ブロードバンド
（おおむね1Mbps以上）

光通信
FTTH 200Mbpsの場合

ADSL
ADSL 8Mbpsの場合

無線LAN
無線アクセス 40Mbpsの場合

CATVインターネットもブロードバンドに含まれます。

ナローバンド
（おおむね128Kbps以下）

アナログ電話回線56Kbpsの場合

ISDNもナローバンドです。

高速な通信では

通信速度が速いと、大容量のデータをやりとりできます。サイズの大きなプログラム、音楽や映像データなども快適に扱えるようになります。

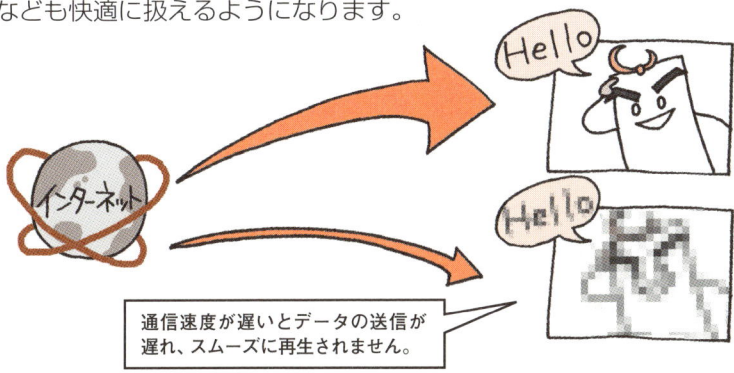

通信速度が遅いとデータの送信が遅れ、スムーズに再生されません。

COLUMN コラム

～Bluetooth～

　最近では、ケーブル不要の便利さや手軽さから、無線を使ったデータのやりとりが普及しています。そうした無線通信で利用される技術のひとつに**Bluetooth**があります。

　Bluetoothは、Ericsson、IBM、Intel、Nokia、東芝の5社が中心となって策定された、近距離無線通信の規格です。現在はBluetooth SIG（Special Interest Group）が規格の策定や、Bluetooth技術に関する認証などを行っています。

　Bluetooth普及以前に無線通信で用いられていたIrDAは、赤外線を利用するためごく近距離間でしか通信できませんでした。また、インターフェース部分を対象機器に向けている必要があり、途中に障害物があると通信ができないという欠点もありました。

　これに対してBluetoothでは、電子レンジなどでも利用される2.45GHz帯の電波を使って通信します。電波を利用することからインターフェースを向かい合わせる必要がなく、数m～数十mの範囲内であれば途中に障害物があっても通信が可能です。消費電力が小さく、部品も小さくて済むため、対応する機器を安価で製造できるという生産上のメリットもあります。こうした性質を活かし、Bluetoothは現在、パソコン、周辺機器、携帯電話、携帯端末、携帯オーディオプレイヤー、ヘッドセットなどさまざまな機器の間の通信を無線化することに、広く利用されています。

> 規格の名前は10世紀のデンマーク王Harald Blatand（ハーラル・ブラッタン）の英名Harold Bluetoothにちなんだものです。彼がデンマークとノルウェーを平和的に統一したように、乱立する無線通信規格を統合したいという意味が込められています。

第6章 映像とサウンド

第6章はここがkey!

Topics: 画面表示を決めるビデオカード

　現在主流のパソコンは、「PC/AT互換機」と呼ばれるアーキテクチャを発展させたものになっています。PC/AT互換機は、IBMの開発した「PC/AT」と呼ばれるパソコンと互換性のあるパソコンです。このPC/ATのグラフィックス出力機能は、マザーボードから独立した拡張カードの形で提供されていました。このカードのことを、**ビデオカード**といいます。

　ビデオカードがパソコン本体から独立しているので、ユーザーはビデオカードだけを差し替えることで、ディスプレイの画面解像度、描画できる色数、描画スピードを変えることができます。1990年にWindows 3.0が発売されると、広い画面解像度とウィンドウを高速に描画できる性能を持つビデオカードが求められ、発売されるようになりました。そのような目的に合ったビデオカードのことを、当時「ウィンドウアクセラレータ」と呼んでいました。

　現在のパソコンは、Windowsの2Dグラフィックスを描画するのに十分な描画機能をマザーボード上に搭載しています（オンボードグラフィック機能）。そのため、ビデオカードを別途購入する必要性は、昔よりも少なくなりました。しかし、高度な3Dグラフィックのゲームを楽しんだり、複数のディスプレイに情報を表示したい場合には、ビデオカードを増設する必要があります。

音を出すにはサウンドカードが必要

　PC/AT互換機では、ビデオカード同様、音声を扱う機能についても、拡張カードの形で提供されていました。このようなカードのことを、**サウンドカード**といいます。サウンドカードがない場合、パソコンはビープ音と呼ばれるブザーのような電子音しか出せませんでした。

　現在のほとんどのパソコンは、マザーボード上にサウンドカードの機能を内蔵しています。そのため、音声を単純に出力するだけであれば、サウンドカードを増設する必要性はなくなりました。ただし、より臨場感のある音声再生をするために、サウンドカードを増設して、5.1チャンネルや7.1チャンネル用のスピーカーを接続したり、より高品位な音質を求めることがあります。

　また、最近はUSB端子に接続する形でサウンド機能を提供する**オーディオインターフェース**と呼ばれる装置が多く販売されています。パソコンの内部では、デジタル回路や電源から出るノイズが多く発生しているため、内蔵型のサウンドカードのアナログ回路がノイズの影響を受け、音質が劣化する場合があります。その点、オーディオインターフェースは、パソコンの外側にあるので、ノイズの影響を受けにくく、音質的に有利です。

ビデオカードとは

パソコンで表示されるグラフィックスの解像度や速度は、ビデオカードの性能によって決まります。

ビデオカードの役割

ビデオカードは、ディスプレイ上にグラフィックス情報を表示するための拡張装置です。

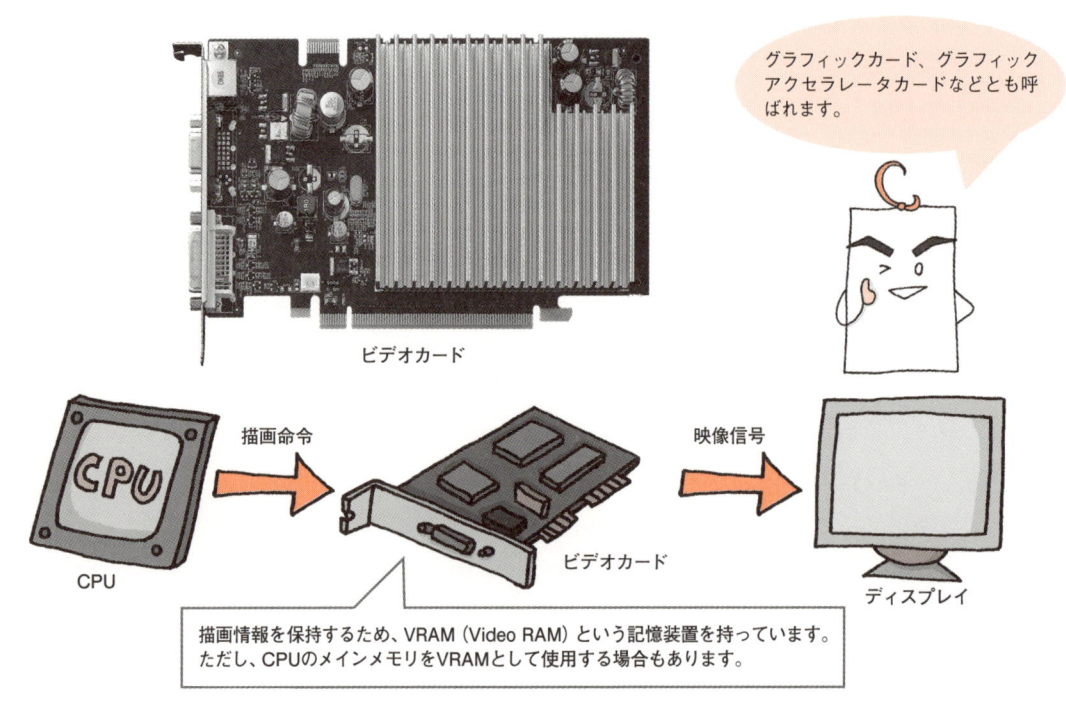

グラフィックカード、グラフィックアクセラレータカードなどとも呼ばれます。

CPU → 描画命令 → ビデオカード → 映像信号 → ディスプレイ

描画情報を保持するため、VRAM（Video RAM）という記憶装置を持っています。ただし、CPUのメインメモリをVRAMとして使用する場合もあります。

ビデオカードの中で描画処理を行うマイクロプロセッサのことを、**GPU**（Graphics Processing Unit）といいます。GPUは、ビデオカードのCPUに相当します

CPUと同じように、とても熱くなるので、ヒートシンクやファンの下にある場合が多いです。

GPU

オンボードグラフィック機能

最近のパソコンでは、多くの場合、マザーボード上にビデオカードの機能が最初から用意されています。これを、オンボードグラフィック機能といいます。画像を表示する程度であれば、十分な性能を持っています。

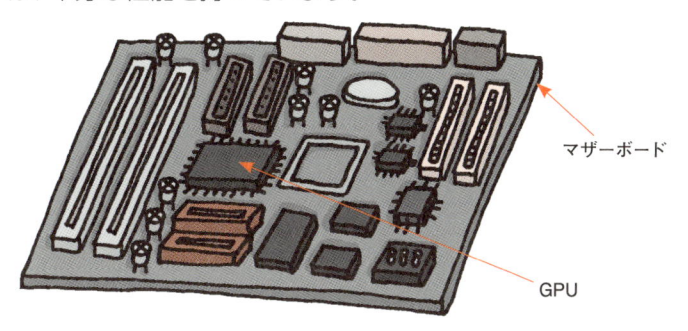

> ビデオカードを増設する必要はありません。

パソコン本体とビデオカードの接続方法

ビデオカードは、マザーボードの拡張スロット（拡張バス）に装着します。ビデオカードを装着できる拡張スロットには、次のような種類があります。

PCI	・1991年にIntelから提案されたPC/AT互換機における標準バス ・動作クロック：最大33MHzまたは最大66MHz ・バス幅（同時に送れるデータ量）：32ビットまたは64ビット
AGP	・1996年にIntelによって開発されたビデオカード用の拡張スロット ・すでに、PCI Expressに取って代わられつつある
PCI Express (PCIe)	・2002年にPCI-SIGによって策定された、PCIの後継規格 ・PCIバス（32ビット/33MHz）の3倍から4倍の転送速度 ・現在は、この中の「PCI Express x16」が、ビデオカードのインターフェースとして普及している

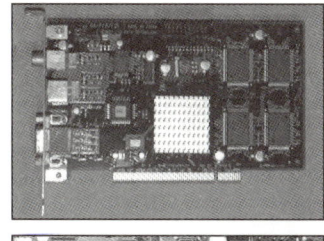

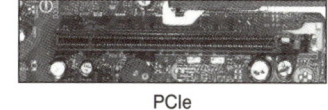

PCI 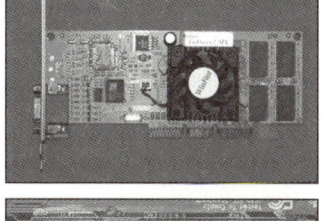　　　AGP 　　　PCIe

ディスプレイの種類

パソコンの情報は、各種ディスプレイに表示されます。

ディスプレイの種類

ディスプレイは、パソコンの情報（文字を含む）を表示する装置です。**モニタ**とも呼ばれます。ディスプレイには、大きく分けて液晶とブラウン管（CRT）の二種類があります。

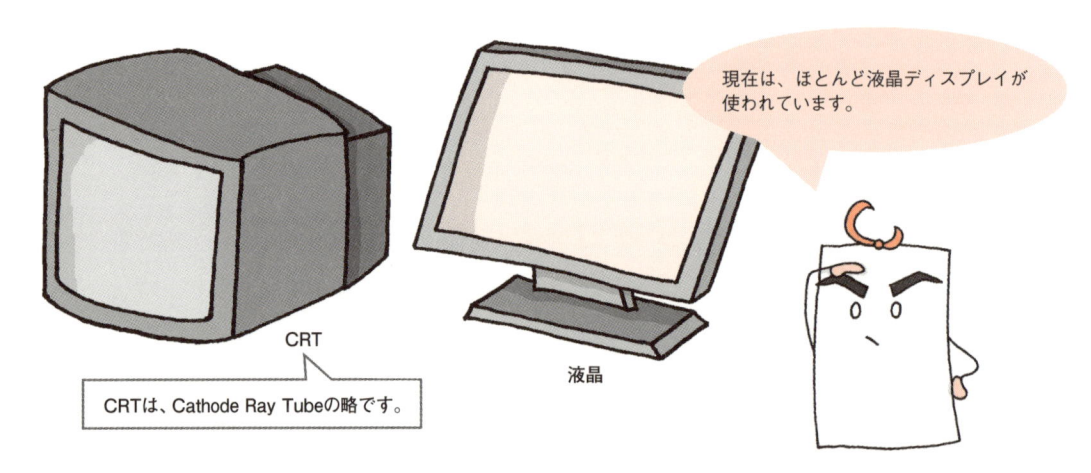

現在は、ほとんど液晶ディスプレイが使われています。

CRT

CRTは、Cathode Ray Tubeの略です。

液晶

解像度

ビデオカードが出力する映像信号の横×縦の点の数（**ピクセル数**）は、何種類かから選べます。このピクセル数のことを、**解像度**と呼びます。640×480（VGA）、1024×768（XGA）、1280×800（WXGA）などがあります。

最近は、ハイビジョン画像の縦横比に近い、横長画面の解像度が多くなっています。

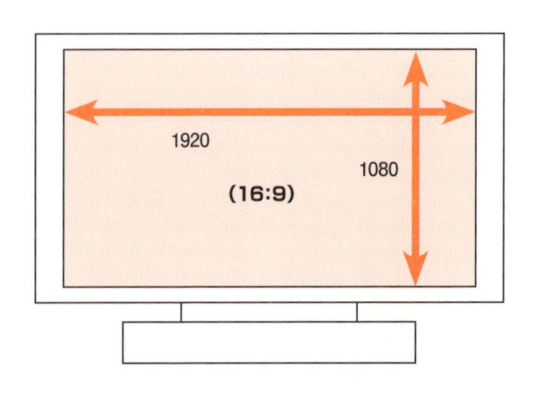

1920
1080
(16:9)

接続方法

ディスプレイとパソコンの接続は、次のコネクタを持ったケーブルを使用します。

D-Sub 15 ピン VGA 端子	アナログの映像信号を伝送するのに使用。 おもにパソコンで使用されている。
D 端子	アナログの映像信号を伝送するのに使用。 日本独自の規格で、おもに家電製品で使われている。
DVI	Digital Visual Interface の略。 液晶ディスプレイにデジタル形式のデータを伝送できる。
HDMI	High-Definition Multimedia Interface の略。 デジタル家電で広く採用されており、デジタル形式の音声と映像を伝送できる。

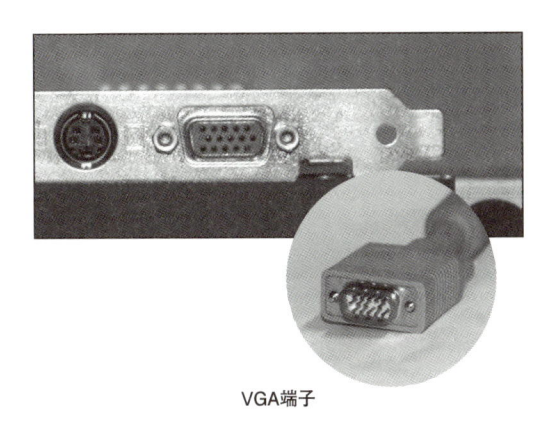

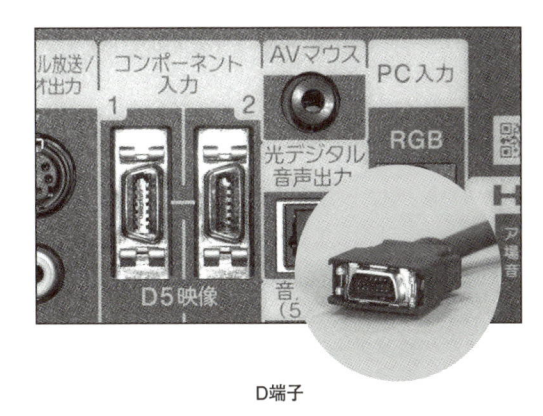

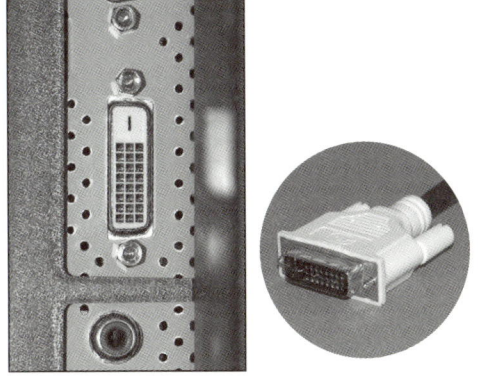

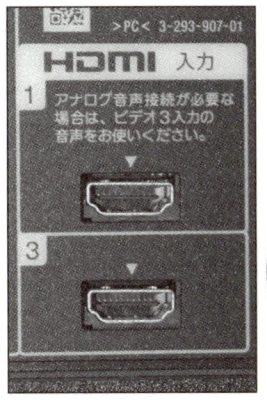

VGA端子

D端子

DVI端子

HDMI端子

描画できる色数と速度

最近のビデオカードの性能は、初期のものに比べてかなり向上しています。

描画できる色数

1ピクセルに使用するメモリの容量が多ければ、描画できる色数は多くなります。解像度が大きくなるほど、また色数が多くなるほど、大きなVRAMが必要になります。また、VRAMは、3Dの描画用にも使用されます。

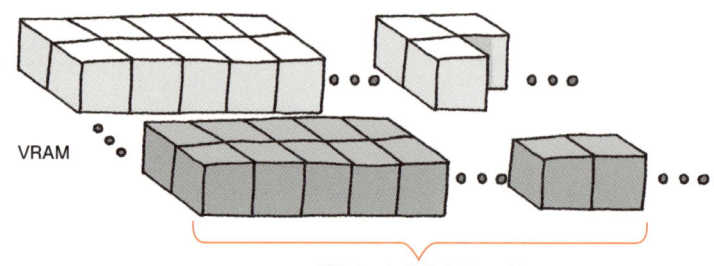

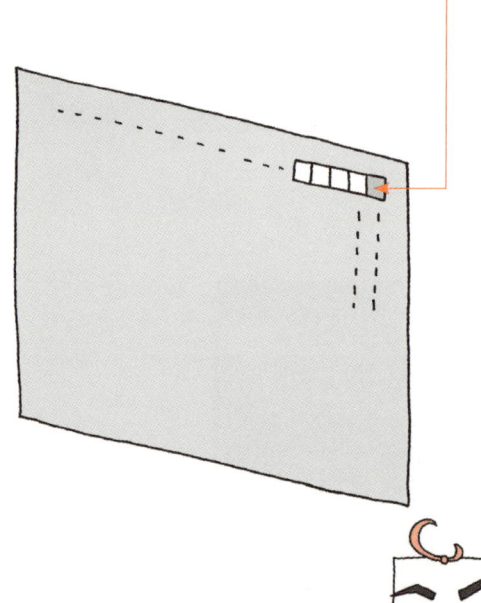

VRAM

1ピクセルに使用するメモリ

8bit （1バイト）	256色
16bit （2バイト）	65,536色 （ハイカラー）
24bit （4バイト）	16,777,216色 （フルカラー）

たとえば、1024×768ピクセル、1677万色（24bit）の場合、最低約3MBのVRAMが必要です。

最近のビデオカードは、512MBや1GB以上のVRAMを持っています。

📝 描画速度

最近のビデオカードは、Windowsのウィンドウ描画などの2D表示に関しては、十分な性能を持っています。3D表示に関しては、VRAMの容量、**ピクセルシェーダ**の性能などにより、差が生じます。

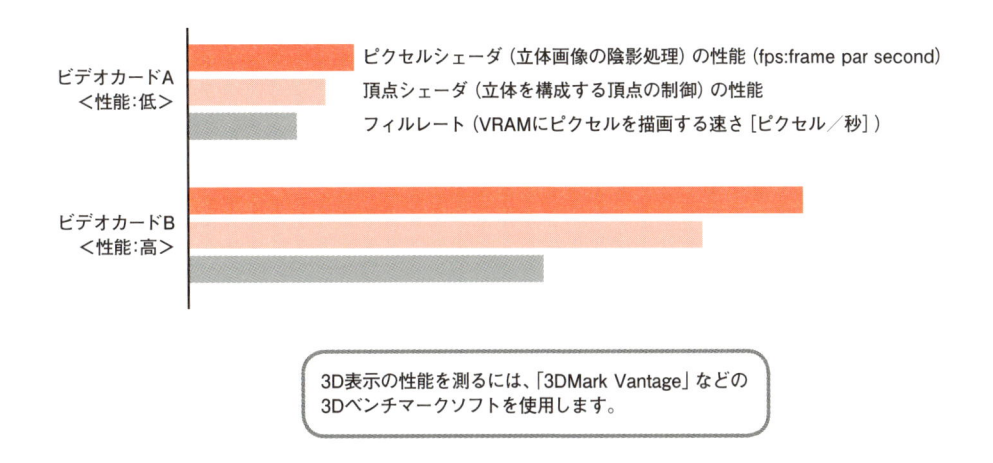

ビデオカードA ＜性能:低＞
- ピクセルシェーダ（立体画像の陰影処理）の性能（fps:frame par second）
- 頂点シェーダ（立体を構成する頂点の制御）の性能
- フィルレート（VRAMにピクセルを描画する速さ［ピクセル／秒］）

ビデオカードB ＜性能:高＞

> 3D表示の性能を測るには、「3DMark Vantage」などの3Dベンチマークソフトを使用します。

パソコン用のビデオカードの性能は、年々向上しています。初期のビデオカードは、3Dグラフィックを高速に描画する機能は持っていませんでした。

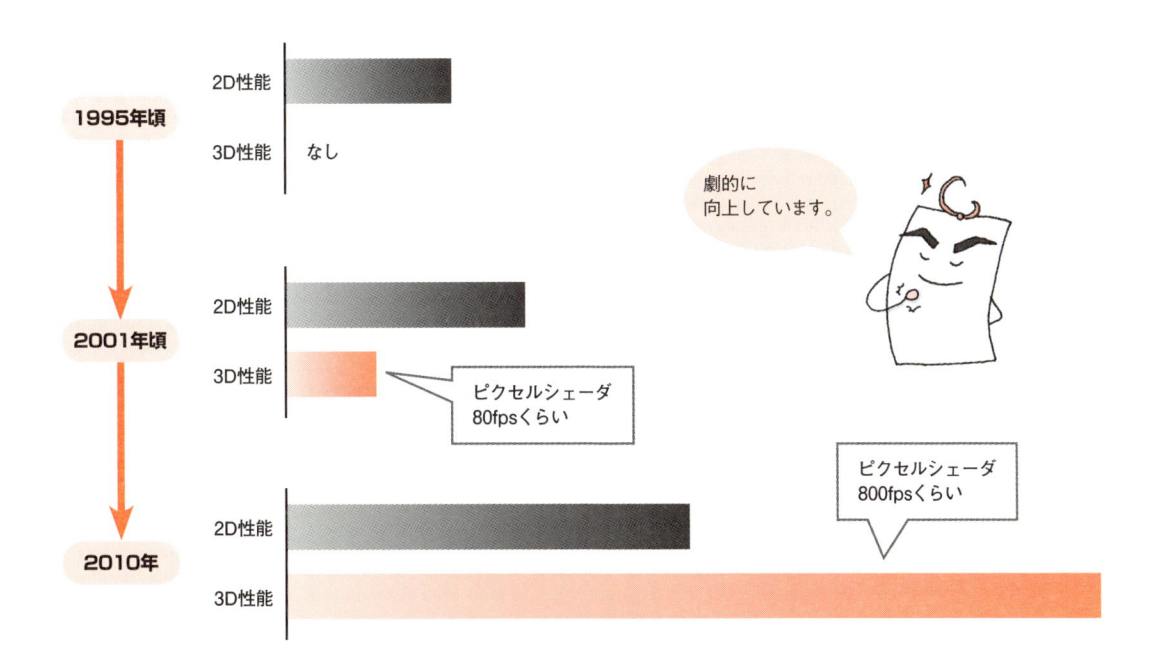

1995年頃
- 2D性能
- 3D性能：なし

2001年頃
- 2D性能
- 3D性能：ピクセルシェーダ 80fpsくらい

2010年
- 2D性能
- 3D性能：ピクセルシェーダ 800fpsくらい

> 劇的に向上しています。

描画できる色数と速度　97

サウンドカード

最近のパソコンは、サウンドカードの機能を最初から内蔵しています。

サウンドカードの役割

サウンドカードは、パソコンで音声信号を扱うための拡張装置です。最近のパソコンでは、多くの場合、マザーボード上にサウンドカードの機能が最初から用意されています。これを、オンボードサウンド機能といいます。

> サウンドボード、オーディオカードなどとも呼ばれます。

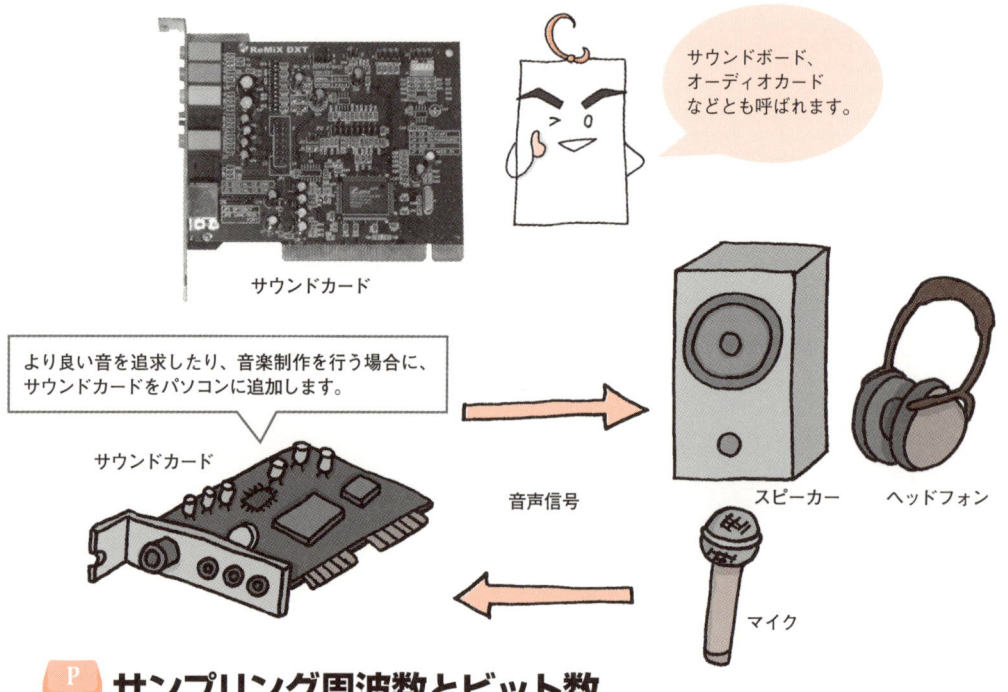

サウンドカード

より良い音を追求したり、音楽制作を行う場合に、サウンドカードをパソコンに追加します。

サウンドカード　音声信号　スピーカー　ヘッドフォン　マイク

サンプリング周波数とビット数

サンプリング周波数は、アナログの音声信号をデジタルに変換するときの、きめの細かさを決める数値です。サウンドカードが高いサンプリング周波数をサポートしていると、より高音質のデータを扱うことができます。

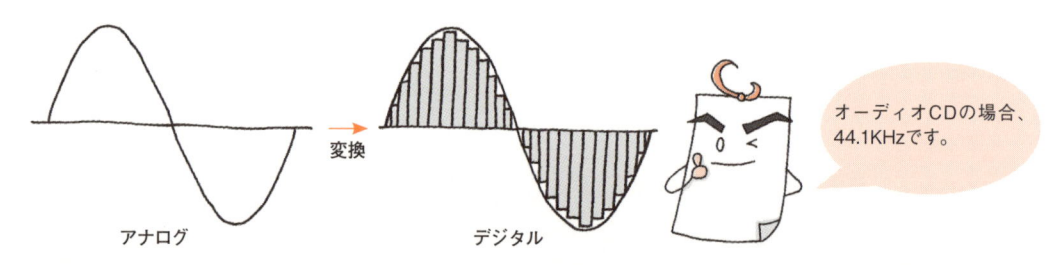

アナログ　変換　デジタル

> オーディオCDの場合、44.1KHzです。

サウンドカードの端子

サウンドカードには、音声入出力のための端子が、何種類か付いています。マイクやヘッドホンなどさまざまな機器をつなげることができます。最近のパソコンの一部の端子は、色分けされています。

入力

名称	概要	端子の色
マイク	マイクを接続する。	ピンク、赤
アナログ	CDプレーヤなど、オーディオ機器のアナログ出力を接続する。	青
デジタル	同軸形式のデジタル入力（S/PDIF）を持つオーディオ機器をつなぐ。	－
光デジタル	光形式のデジタル入力（S/PDIF）を持つオーディオ機器を接続する。	－

> S/PDIFは、デジタル音声を転送するための規格です

出力

名称	概要	端子の色
アナログ	アンプなど、オーディオ機器のアナログ入力を接続する。	緑
デジタル	同軸形式のデジタル入力（S/PDIF）を持つオーディオ機器を接続する。	－
光デジタル	光形式のデジタル入力（S/PDIF）を持つオーディオ機器を接続する。	－
ヘッドホン	ヘッドホンを接続する。	緑
スピーカー	スピーカーを接続する。	緑
スピーカー（サラウンド用）	サラウンド用スピーカーを接続する。数チャンネルの出力端子がある。	センター：オレンジ リア：黒 サイド：灰色

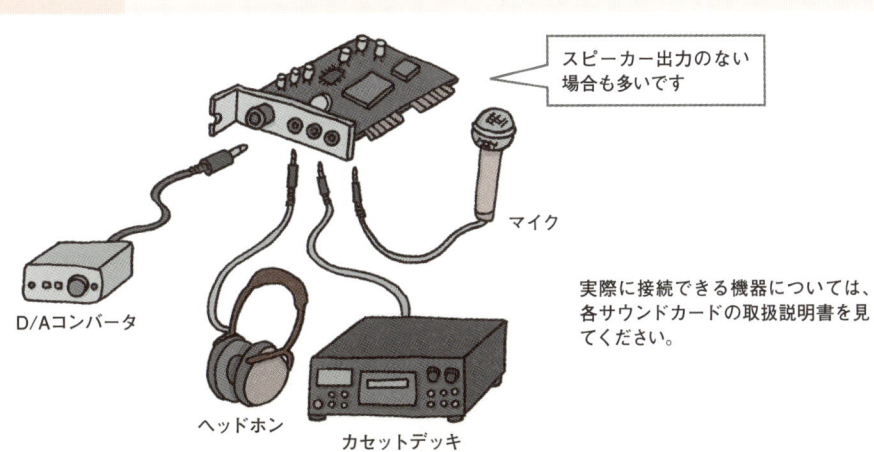

> スピーカー出力のない場合も多いです

D/Aコンバータ

ヘッドホン

カセットデッキ

マイク

実際に接続できる機器については、各サウンドカードの取扱説明書を見てください。

オーディオインターフェース

音声入出力機能をパソコンの外部に設置することもできます。

P サウンドカードとの違い

サウンドカードと同等の機能を持つ装置を、パソコンの外側にUSBなどで接続する場合があります。このような装置を**オーディオインターフェース**と呼びます。

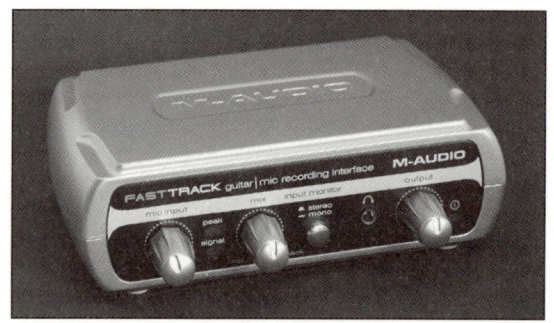

ノートパソコンに高度なサウンド機能を追加したい場合に便利です。

オーディオインターフェース

パソコンの内部はデジタルノイズが多く、サウンドカードの音質に悪影響を与えることがあります。その点、オーディオインターフェースは、パソコンの外側にあるので、音質的に有利です。

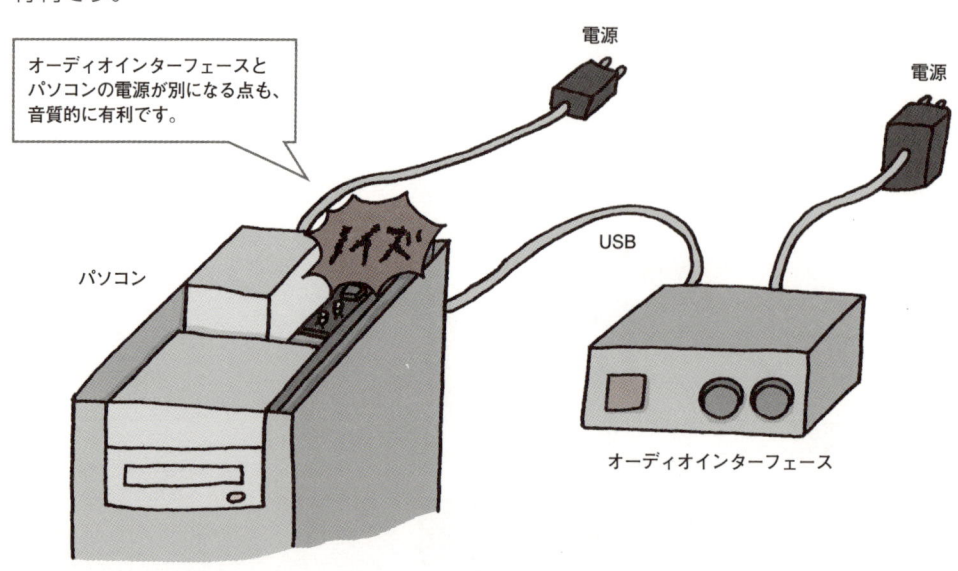

オーディオインターフェースとパソコンの電源が別になる点も、音質的に有利です。

パソコン
ノイズ
電源
USB
電源
オーディオインターフェース

USB DAC

より高音質に音楽を再生するために、オーディオインターフェースの一種で**USB DAC**と呼ばれる商品が発売されています。CDプレーヤに搭載されているような高音質のD/A（Digital/Analog）コンバータが使われています。

USB DACの機能を持ったCDプレーヤも発売されています。

DACは、D/Aコンバータの略です。DACは、デジタル信号をアナログ信号に変換します。

USB DAC
アンプ

多くのUSB DACは、192KHzのサンプリング周波数に対応しているため、高音質の音楽データに対応できます。

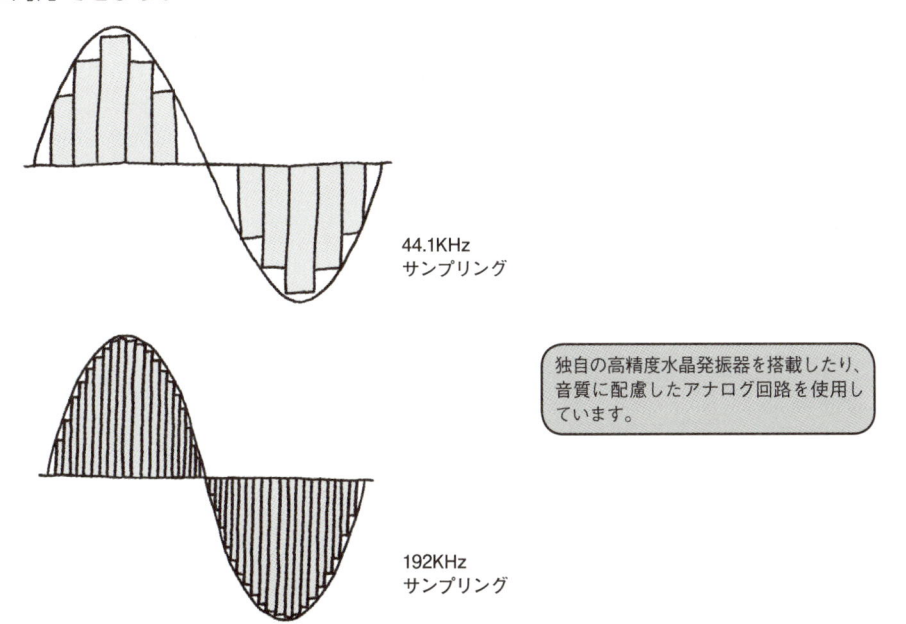

44.1KHz
サンプリング

192KHz
サンプリング

独自の高精度水晶発振器を搭載したり、音質に配慮したアナログ回路を使用しています。

オーディオインターフェース

スピーカー

スピーカーは、最終的に音声を出力します。英語では、ラウドスピーカーといいます。

スピーカーの役割

スピーカーは、電気の音声信号を音波に変換する装置です。現在主流のスピーカーは、1924年に発明されたダイナミック型と呼ばれる方式です。

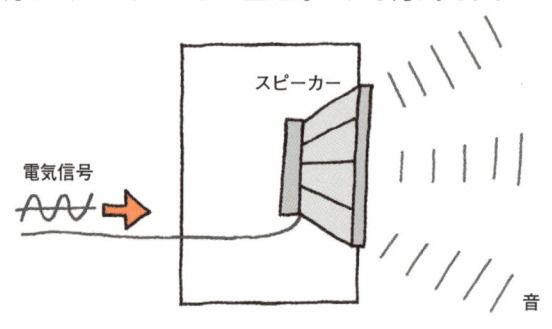

アンプ内蔵型スピーカー

サウンドカードにスピーカー出力がない場合、アンプを使って電気信号を増幅する必要があります。アンプ内蔵型スピーカーは、アンプの機能を持っているので、パソコンのアナログ出力（ライン出力）に直接つなぐことができます。

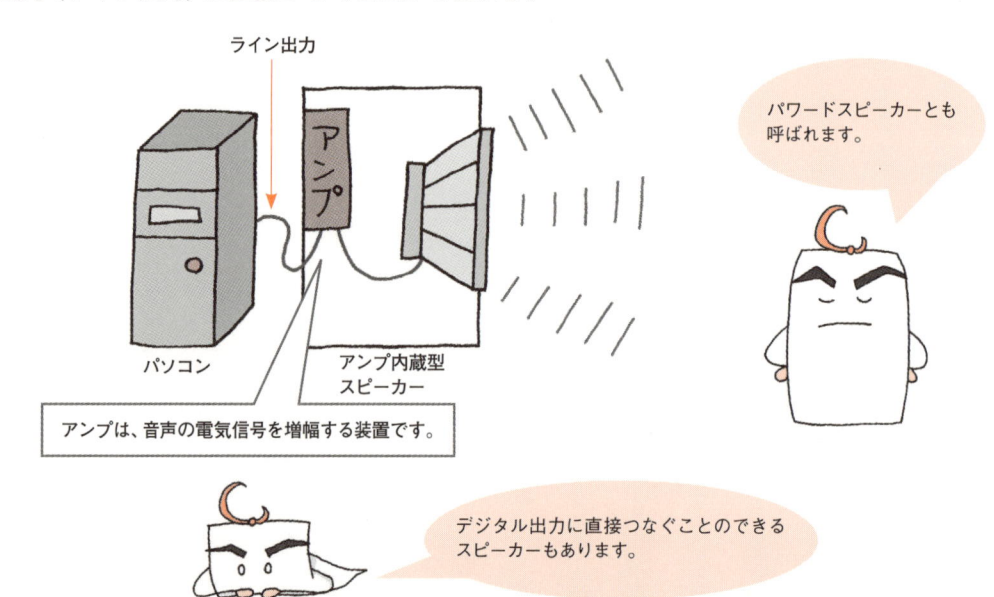

アンプは、音声の電気信号を増幅する装置です。

パワードスピーカーとも呼ばれます。

デジタル出力に直接つなぐことのできるスピーカーもあります。

USB接続型スピーカー

最近は、パソコンのUSB端子に直接つなぐタイプのスピーカーもあります。このようなUSB接続型スピーカーは、サウンドカードとアンプの機能を内蔵しています。

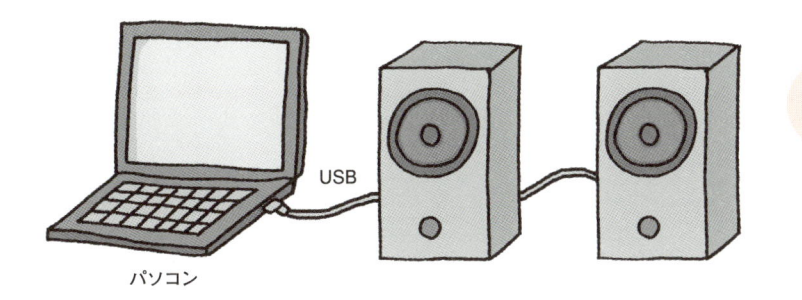

USBケーブル1本で接続するだけなので、すっきりですね。

スピーカーボックスについて

多くのスピーカーは箱の形をしています。音の出る部分（振動板を持つ部品）のことをスピーカーユニットといいます。低音用と高音用でスピーカーユニットが分かれている2ウェイ型のほうが、音質的には有利です。

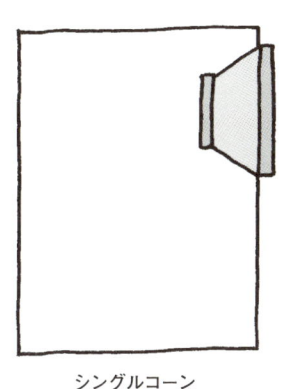

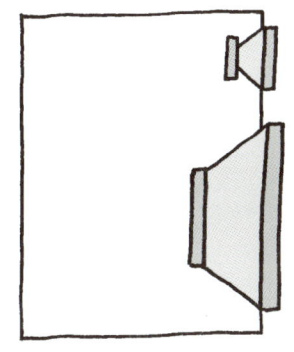

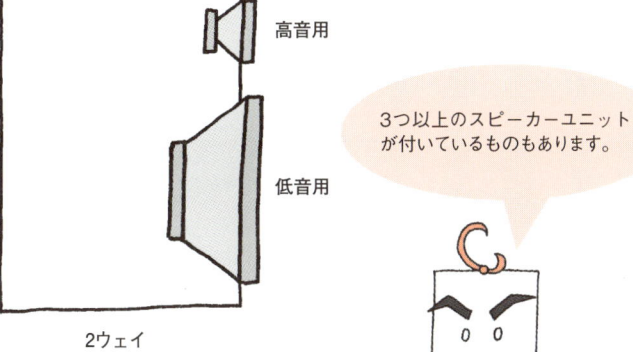

3つ以上のスピーカーユニットが付いているものもあります。

一般的には、大きなスピーカーのほうが、良質の低音を出します。

映像やサウンドの共有

パソコンの中にある映像やサウンドを家庭内のいろいろな家電製品から利用できれば便利です。

DLNA
ディーエルエヌエー

DLNA（Digital Living Network Alliance）は、パソコンと家電製品が、データをやりとりするためのガイドラインです。DLNAに対応した機器間で映像やサウンドを共有できます。

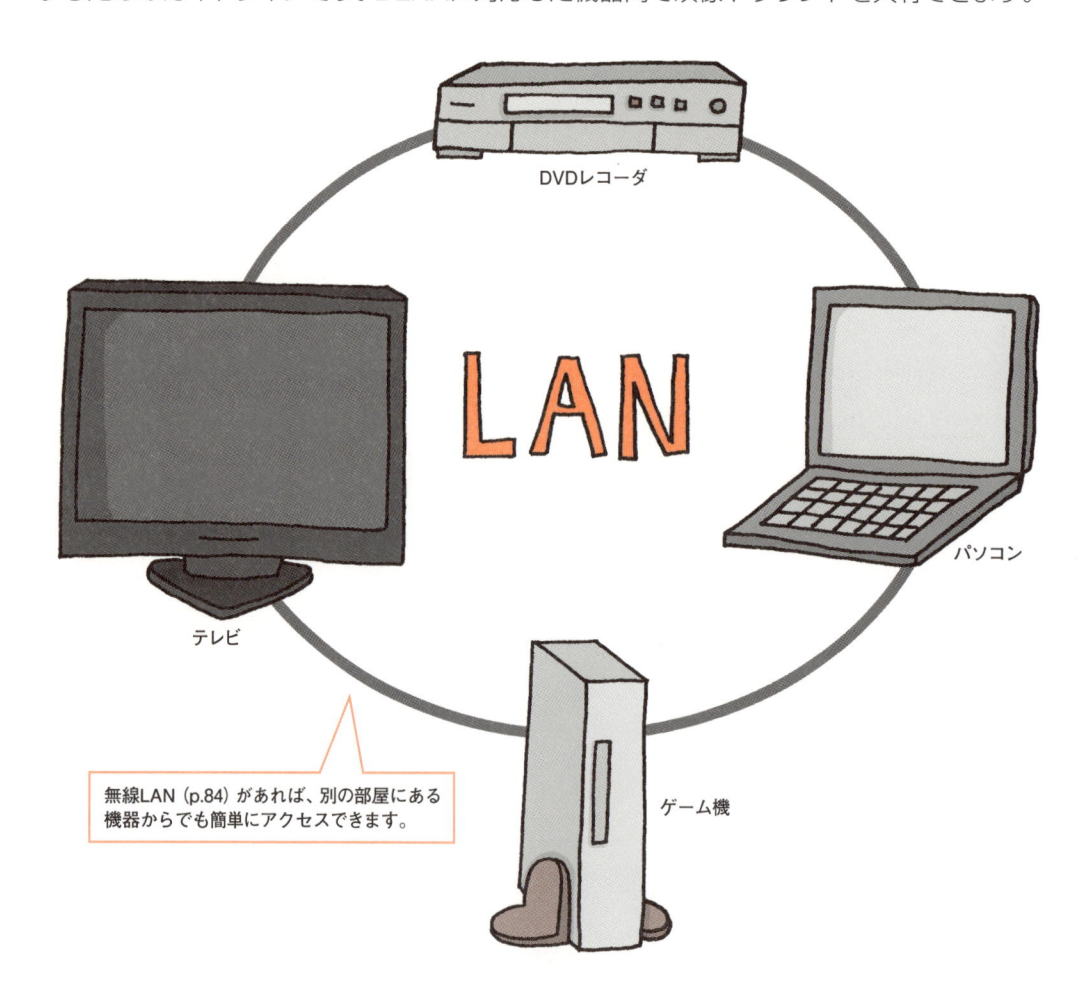

DVDレコーダ

LAN

パソコン

テレビ

ゲーム機

無線LAN（p.84）があれば、別の部屋にある機器からでも簡単にアクセスできます。

※DLNAは規格ではなくガイドラインになっているため、映像やサウンドのフォーマットや著作権保護技術によっては、うまく再生できないこともあり、注意が必要です。

DLNAサーバーとクライアント

DLNAを利用して映像やサウンドを提供する側を**DLNAサーバー**といいます。映像やサウンドを受け取る側を**DLNAクライアント**といいます。Windows Media Player 11は、DLNAサーバーの機能を持っています。

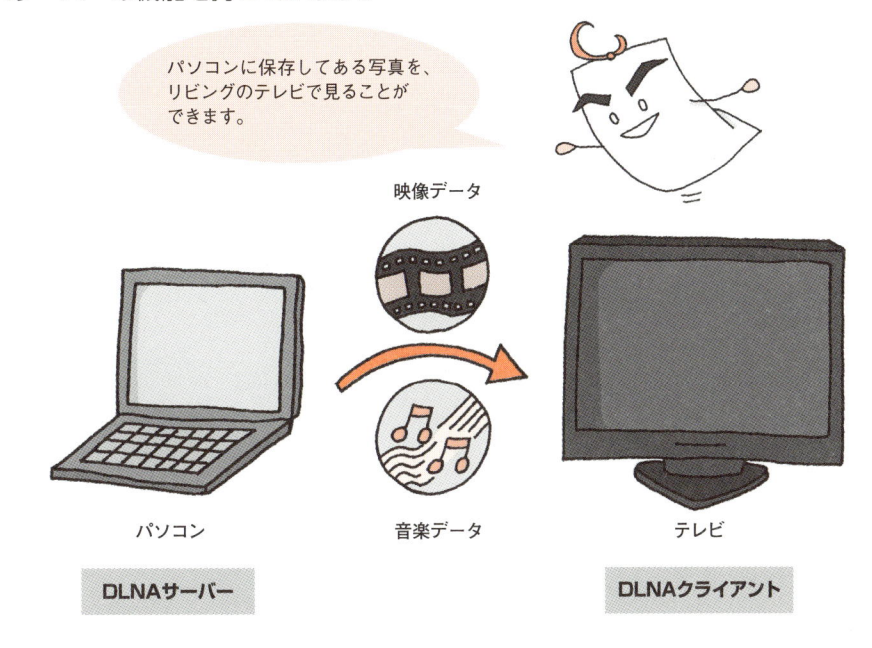

パソコンに保存してある写真を、リビングのテレビで見ることができます。

映像データ

音楽データ

パソコン　**DLNAサーバー**

テレビ　**DLNAクライアント**

ネットワークアタッチトストレージ

ネットワークアタッチトストレージ（NAS）は、ネットワークに直接つなぐことのできる記憶装置（ハードディスク）です。DLNAサーバー機能を持つNASもあります。

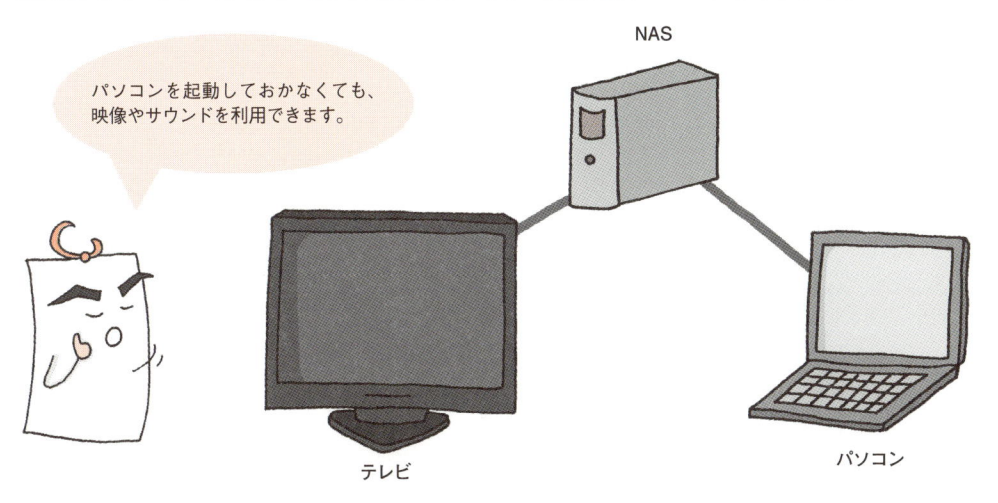

パソコンを起動しておかなくても、映像やサウンドを利用できます。

NAS

テレビ

パソコン

映像やサウンドの共有

用途別おすすめの機器

映像とサウンドに関連して、用途別におすすめの構成を紹介します。

3Dゲームを楽しみたい

3Dグラフィックを多用したパソコン用ゲームで遊びたい場合、3D描画に強いビデオカードを増設します。また綺麗なゲーム音楽を楽しむために、USB接続型スピーカーを増設します。

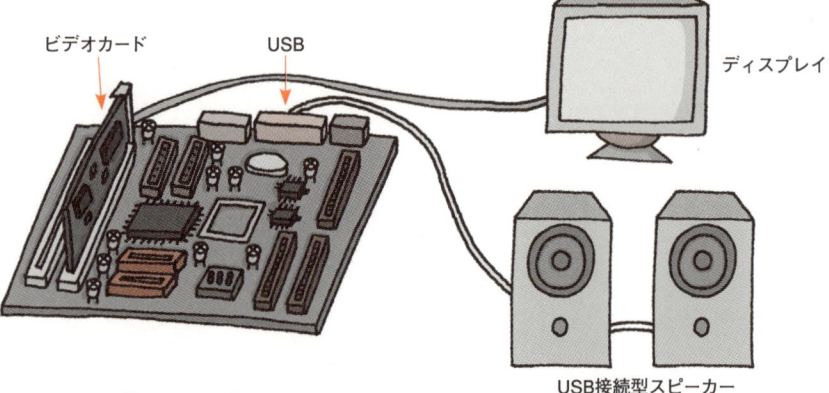

マルチディスプレイにしたい

パソコンで、複数のディスプレイに別々の情報を表示して使用することを**マルチディスプレイ**といいます。2画面に表示する場合、ビデオカードを2枚増設するか、2画面表示対応のビデオカードを使います。

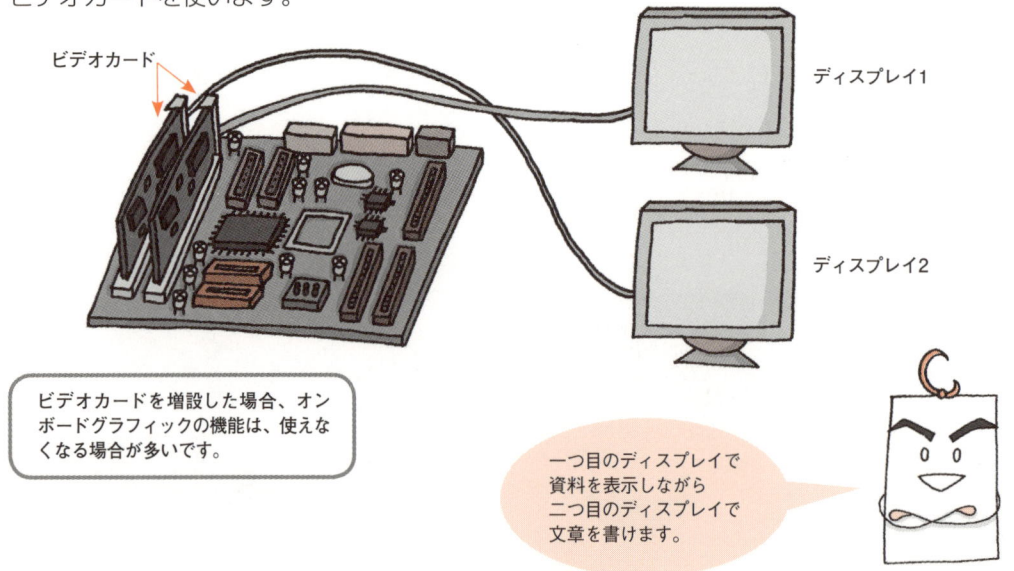

ビデオカードを増設した場合、オンボードグラフィックの機能は、使えなくなる場合が多いです。

一つ目のディスプレイで資料を表示しながら二つ目のディスプレイで文章を書けます。

高音質で音楽を楽しみたい

USB DACを利用すると、パソコンにある音楽データを高音質で再生できます。

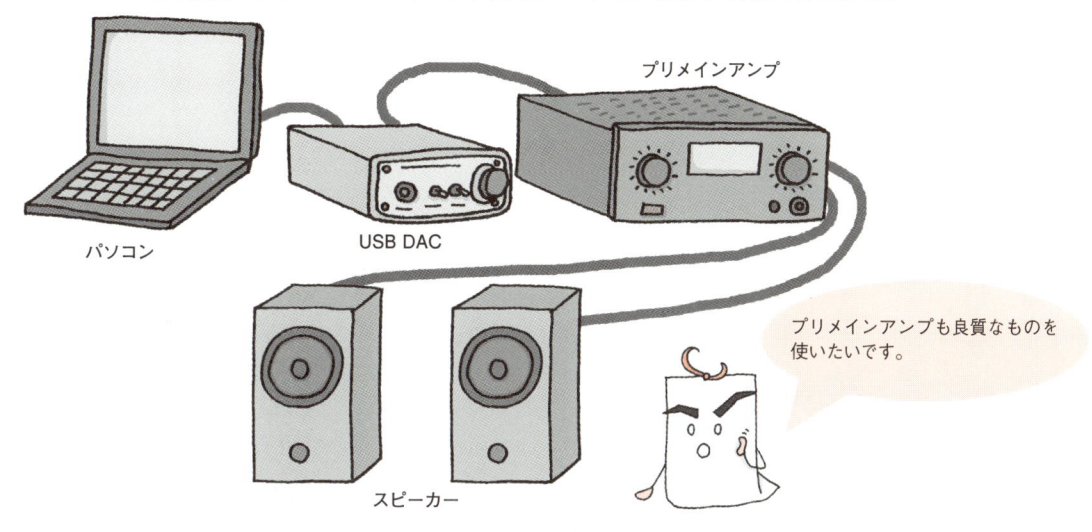

パソコン
USB DAC
プリメインアンプ
スピーカー

プリメインアンプも良質なものを使いたいです。

カセットやレコードの音源をデジタルデータにしたい

アナログレコードやカセットテープの音源をパソコンに取り込むことができれば便利です。
アナログレコードの場合は、フォノイコライザー機能を持ったアンプが必要です。

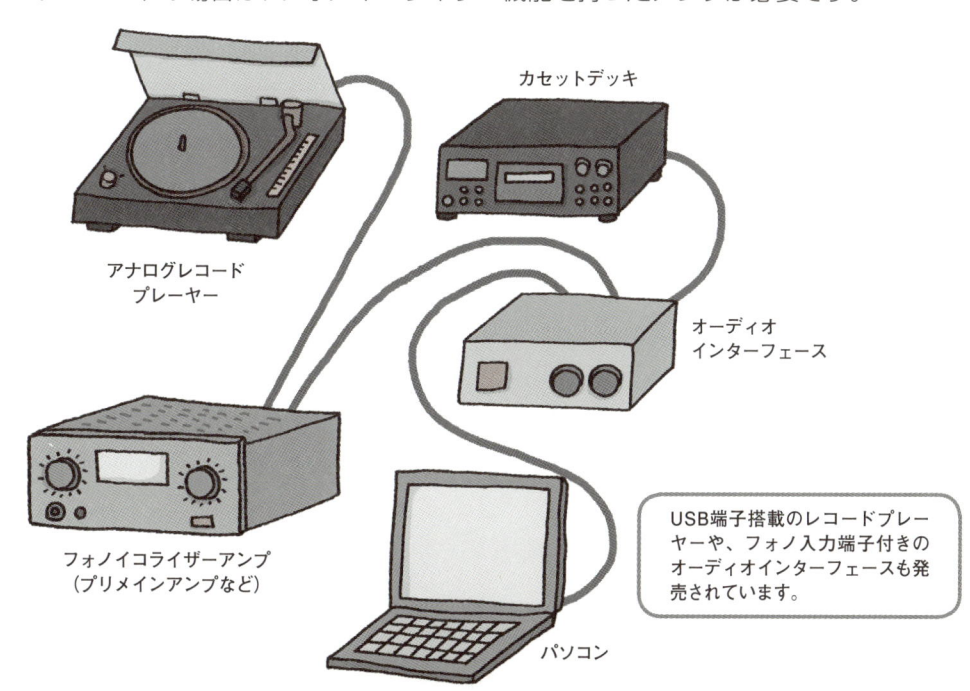

アナログレコードプレーヤー
カセットデッキ
オーディオインターフェース
フォノイコライザーアンプ（プリメインアンプなど）
パソコン

USB端子搭載のレコードプレーヤーや、フォノ入力端子付きのオーディオインターフェースも発売されています。

用途別おすすめの機器 107

COLUMN コラム
～液晶モニタの駆動方式～

　液晶ディスプレイは、その駆動方式の違いで3種類に分けることができます。TN（Twisted Nematic）方式、VA（Vertical Alignment）方式、IPS（In Plane Switching）方式の3つです。

TN方式
　安価で低消費電力ですが、視野角が狭く、斜めから見ると暗くなったり、別な色に見えたりします。TN方式の場合、液晶は電圧オフで光を通します。電圧オンで液晶分子の向きが一定方向になり、偏光板という特定方向の光だけを通す板で、光が遮られるようになります。

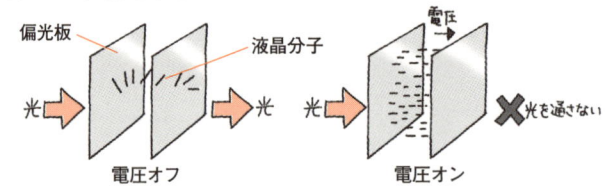

VA方式
　液晶テレビで、最もよく使われている方式です。視野角が比較的広く、高コントラストです。VA方式の場合、液晶は電圧オフで光を通しません。電圧オンで液晶分子の向きが複数の方向に変化し、光を通すようになります。

IPS方式
　高額な液晶テレビや業務用のグラフィックス端末で使われています。最も視野角の広い方式です。VA方式同様、電圧オフで光を通さず、電圧オンで光を通します。VA方式とは違い、液晶分子の向きが常に画面と平行の方向になっています。

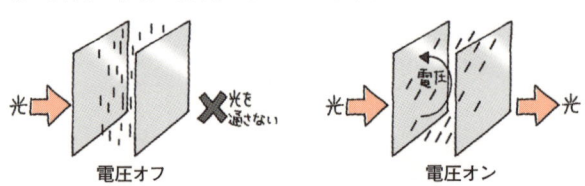

第7章 入力と出力

第7章はここがkey!

Topics データ入出力のためのいろいろなしくみ

　6章まで、パソコンを構成するおもな部品を見てきました。7章は「入力と出力」と題し、パソコン本体と接続してデータの入出力を行うための装置やしくみ（これらをインターフェースといいます）について簡単に触れることにします。

　USBという言葉は、この本を読んでいる方ならたいてい聞いたことがあるでしょう。マウスやキーボード、外付けのハードディスクやスキャナ、プリンタ、デジタルカメラなど、さまざまなものがUSBで接続されるようになっています。また、USBメモリは手軽に持ち歩ける記憶媒体です。USBが便利なのは、従来のようにユーザーが先にドライバソフトをインストールしておく必要がないことです。好きなときに抜き差しをしてすぐに利用できるという、接続の簡単さはとても魅力的ですね。

　こうしたUSBと同様の規格に、**IEEE 1394**というものがあります。USBほど普及はしていませんが、デジタルビデオカメラやデジタルテレビのようなデジタル機器を接続する端子に利用されています。

　パソコンでのデータの送りかた（転送方法）には、1ビットずつ転送する**シリアル転送**と、一度に複数ビット転送する**パラレル転送**があります。こうした転送方式の外部機器を接続するために、従来のパソコンでは**シリアルポート**や**パラレルポート**が標準で搭載され、モデム（パソコンを電話回線などのアナログ回線に接続する場合に使われる機器）やプリンタなどを接続していました。しかし今ではさまざまな機器の接続が、USBに移行しているのは、すでに説明したとおりです。これらのポートを搭載していないパソコンも少なくありませんが、パソコンの歴史の一部として読んでみるのもよいでしょう。

　ノートパソコン用ネットワークカードなどによく使われる**PCカード**は、アメリカのPCMCIA（ノートパソコンなどに接続するカード型周辺機器の規格を策定する団体）と日本のJEIDA（日本電子工業振興協会。電子工業の振興を目

的としていた業界団体）が共同で策定した規格です。そのため、**PCMCIAカード**とも呼ばれます。

　さて、ここまでいろいろなインターフェースをあげてきましたが、実際みなさんにとって一番身近なインターフェースというと、やはりマウスやキーボードではないでしょうか。パソコンに対して何かを入力したり、指示したりする場合に無くてはならない装置です。そのため、マウスの握り具合、位置の読み取り方式、キーボードのキートップの大きさ、キーを叩いたときの感触、音など、こだわるひとはとてもこだわる部分です。価格も安価なものから高価なものまでさまざまです。マウスもキーボードも、以前はおもに**PS/2**という規格のコネクタでパソコンに接続されていましたが、現在ではほかの機器同様、USBで接続されるようになっています。

　マウスに代表される、画面上のカーソルなどを操作するための装置を、総称して**ポインティングデバイス**といいます。本章の最後では、マウス以外にも代表的なポインティングデバイスを見ておきましょう。タッチパッドやゲームパッドは、日頃利用しているひとも多いはずです。

　本章はやや駆け足で進みますが、各種のインターフェースについて、知識を広げるつもりで読み進めてみてください。

USB（1）

最近のパソコンでは、さまざまな機器をUSBで接続できます。

USBとは

USBは、Universal Serial Busの略で、パソコンと周辺機器を接続する規格のひとつです。「Universal（汎用）」の名前のとおり、さまざまな周辺機器を接続するための、共通の規格として開発されました。

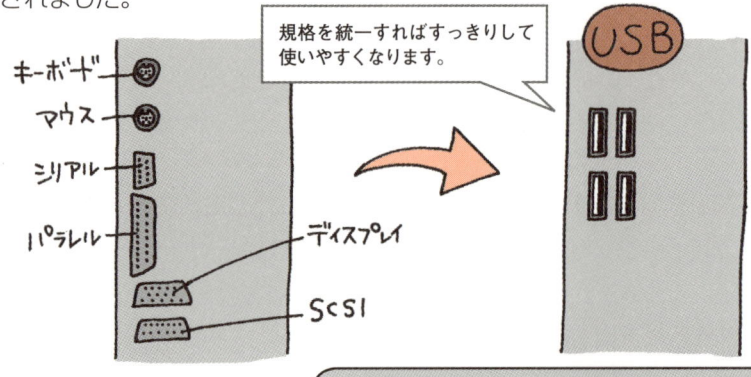

規格を統一すればすっきりして使いやすくなります。

Compaq、DEC、IBM、Intel、Microsoft、NEC、Northern Telecomの7社が中心となって開発しました。

USBの特徴

USBの大きな特徴として、**プラグアンドプレイ機能**と**ホットプラグ機能**があります。

プラグアンドプレイ機能：
接続するとパソコンが自動的に機器を認識して、設定を行うしくみです。

以前は、ユーザーが事前に各機器用のドライバソフトをインストールしていました。

ホットプラグ機能：
パソコンの電源を入れたまま、ケーブルを抜き差しして利用できるしくみです。

以前は、パソコンの電源を入れる前に機器を接続しなければ認識されませんでした。

また、接続する機器がマウスやキーボードのように小型の場合、電源をパソコン本体から受け取るUSB**バスパワー機能**に対応していることが多いです。

接続が簡単です。

USBで接続される機器

USBは、たとえば次のような機器をパソコンに接続するときに利用されます。

ユーザー入力装置

キーボード
マウス
ジョイスティック
など

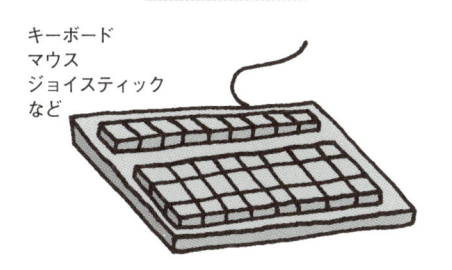

外部記憶装置

USBメモリ
ハードディスク
など

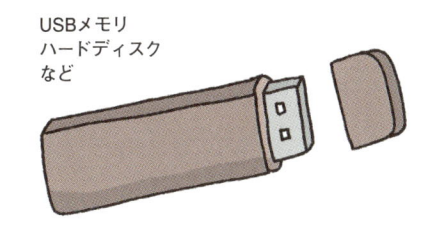

印刷装置

プリンタ
など

映像機器

デジタルカメラ
スキャナ
など

音響機器

スピーカー
ヘッドセット
など

通信装置

ネットワークアダプタ
USBハブ
など

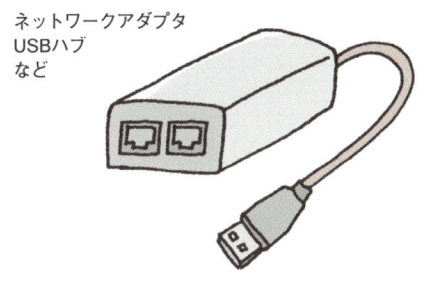

さまざまな機器でUSBが利用されています。

USB (2)

USBの概要がわかったところで、次はつなぎ方やコネクタの形などを見てみましょう。

USBの進化

USBの規格は何度かバージョンアップしています。現在広く普及しているのはUSB 2.0です。

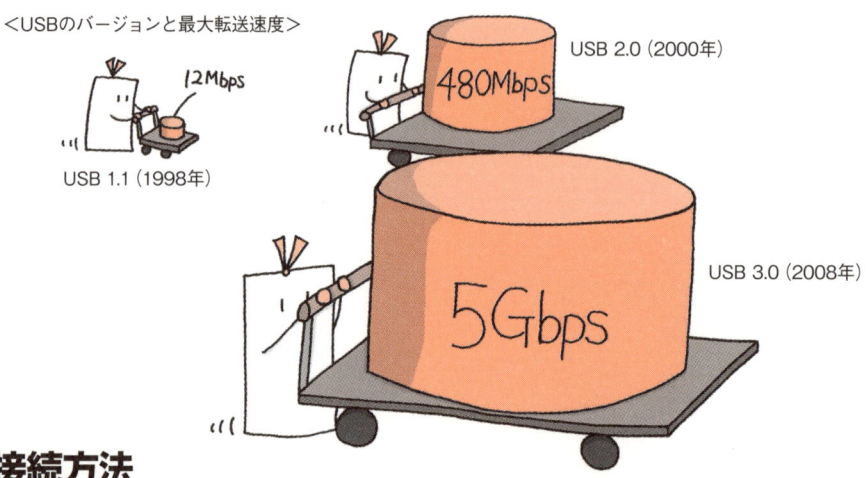

<USBのバージョンと最大転送速度>

USB 1.1（1998年）　12Mbps
USB 2.0（2000年）　480Mbps
USB 3.0（2008年）　5Gbps

接続方法

USBでは、**USBハブ**を使うことで枝分かれさせながら接続台数を増やせます。

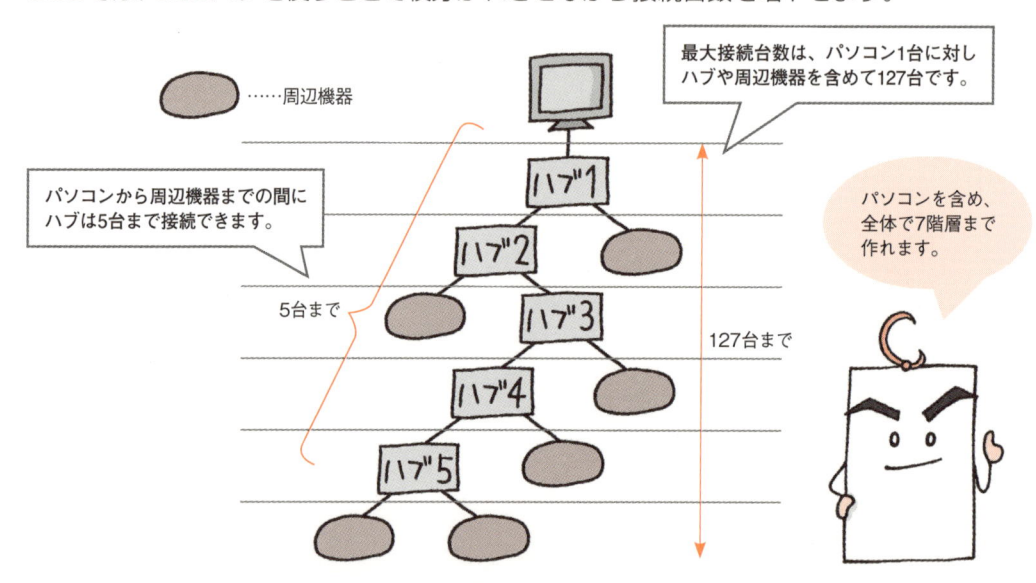

……周辺機器

パソコンから周辺機器までの間にハブは5台まで接続できます。

5台まで

最大接続台数は、パソコン1台に対しハブや周辺機器を含めて127台です。

127台まで

パソコンを含め、全体で7階層まで作れます。

ⓟ コネクタの形

USBのコネクタは、パソコン本体側と、周辺機器側で形が異なります。

USB 2.0と各ピンの意味

A端子（パソコン本体側）　A端子（ケーブル側）

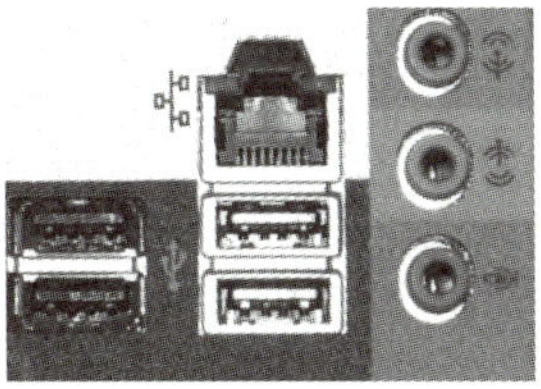

B端子（周辺機器側） 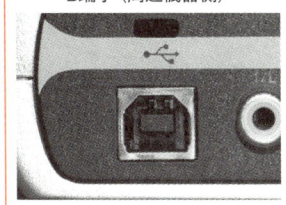　B端子（ケーブル側）

ピン番号	信号名	入出力	意味
1	V_{BUS}	-	ケーブル／電源
2	D-	入出力	-データ信号
3	D+	入出力	+データ信号
4	GND	-	グラウンド

ミニA端子（パソコン本体側）　ミニB端子（周辺機器側）

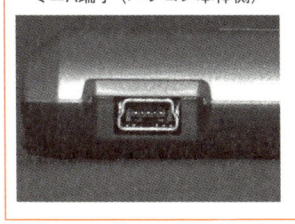

ピン番号	信号名	入出力	意味
1	V_{BUS}	-	ケーブル／電源
2	D-	入出力	-データ信号
3	D+	入出力	+データ信号
4	ID	-	ID信号
5	GND	-	グラウンド

※このほかにマイクロ端子という形式のコネクタもあります。

USB 3.0

A端子（パソコン本体側）　B端子（周辺機器側）

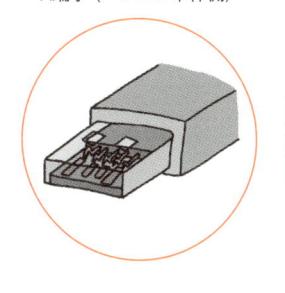

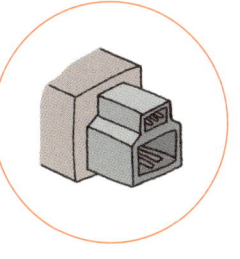

USB 2.0までの端子にピンが5本追加された形をしています。

IEEE 1394

USBと同じような役割のインターフェースにIEEE1394があります。

IEEE 1394とは
（アイトリプルイー）

USBと同じような役割のインターフェースに**IEEE 1394**があります。

転送速度は100Mbps、200Mbps、400Mbps、800Mbpsなど。

デジタルビデオカメラ

DVDドライブ

ハードディスク

SONYではこの規格を「i.Link」と呼んでいます。

プリンタ

プラグアンドプレイ、ホットプラグ（p.112）に対応しています。

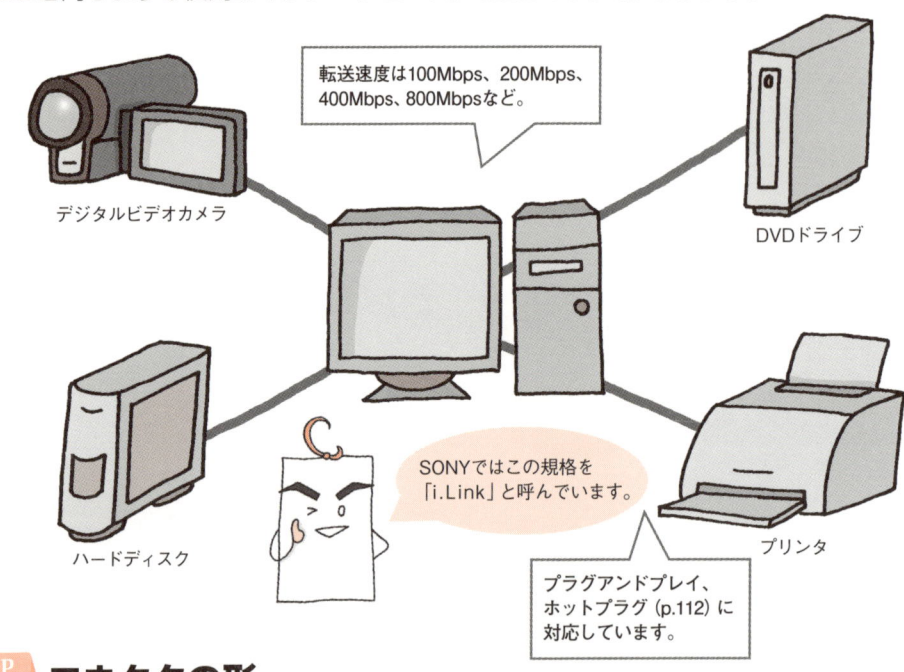

コネクタの形

IEEE 1394のコネクタは、パソコン本体側と、周辺機器側で同じ形をしています。6ピンのものと、4ピンのものとがあります。

6ピン

4ピン

接続方法

IEEE 1394では次のような接続ができます。

≫ デイジーチェーン型

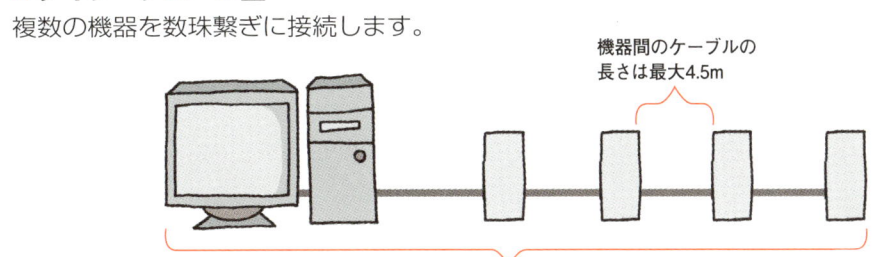

複数の機器を数珠繋ぎに接続します。

機器間のケーブルの長さは最大4.5m

最大17台（パソコン含む）、最大72mまで接続可能

≫ スター型

パソコンのIEEE 1394コネクタ1つにつき、1台ずつ機器を接続します。

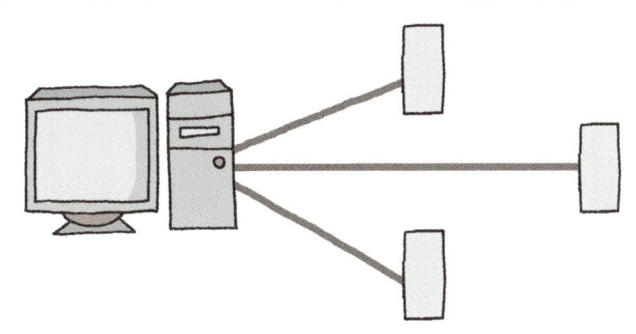

さまざまなつなぎかたができます。

≫ ツリー型

IEEE 1394リピータハブを用いて枝分かれさせながら機器を接続します。

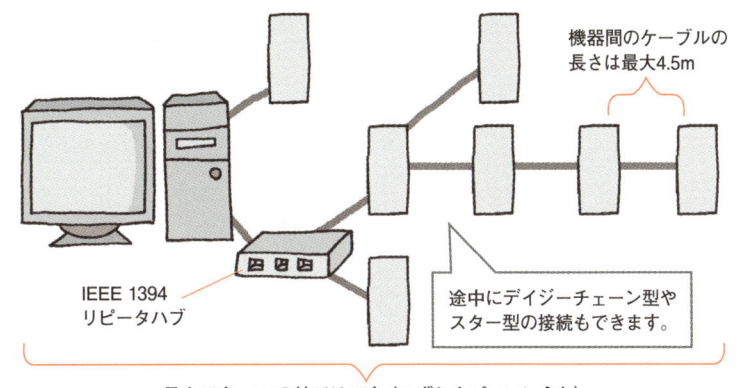

機器間のケーブルの長さは最大4.5m

IEEE 1394リピータハブ

途中にデイジーチェーン型やスター型の接続もできます。

最大63台、1つの枝では17台（いずれもパソコン含む）、最大72mまで接続可能

シリアルポートとパラレルポート

パソコンでデータを転送を転送する場合、シリアル転送とパラレル転送があります。

データの転送方法

パソコンでのデータの送りかた（転送方法）には、データを送る信号線の数によって**シリアル転送**と**パラレル転送**があります。

≫シリアル転送

1本の信号線を使って、データを1ビットずつ順番に転送します。

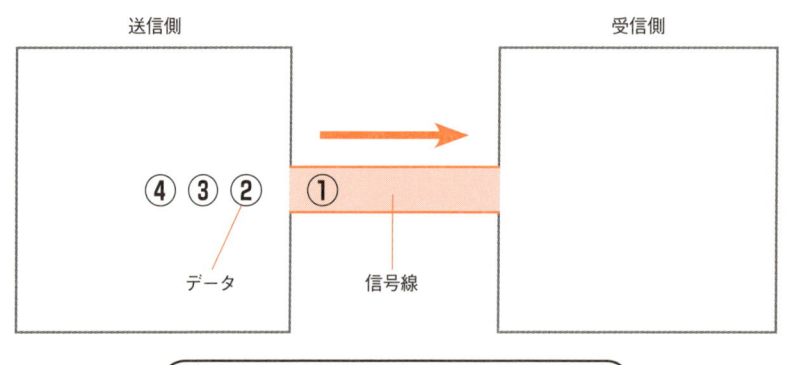

代表的な規格：RS-232C、IrDA、USB、IEEE 1394など

シンプルな通信手段です。

≫パラレル転送

複数の信号線を使って、データを一度に複数ビット転送します。

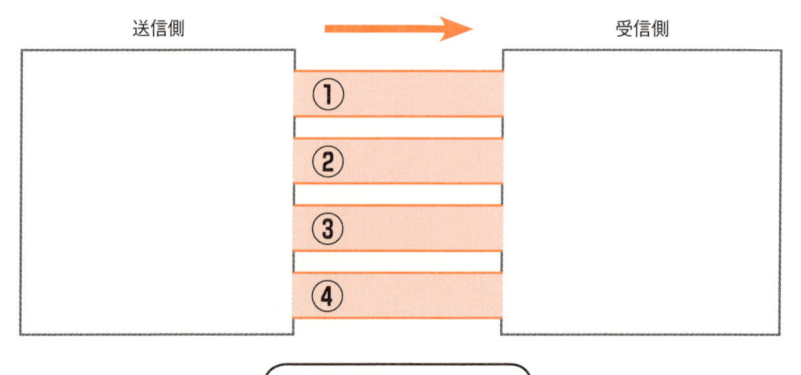

代表的な規格：SCSI、IDEなど

シリアルは「直列」、パラレルは「並列」の意味です。

従来の接続

RS-232C（シリアルポート）やIEEE 1284（パラレルポート）は、USBやIEEE1394などが登場する以前に広く利用されていました。

シリアルポート：モデム、マウス、キーボードなどを接続

9ピンタイプ　　　　　　　　　　　25ピンタイプ

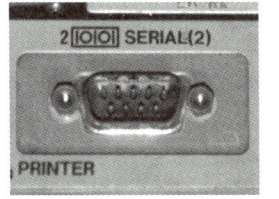

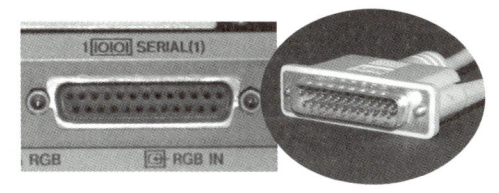

各ピンの意味

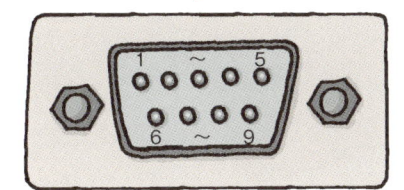

ピン番号	信号名	入出力	意味
1	DCD	入力	接続中を表す
2	RXD	入力	機器からの受信データ
3	TXD	出力	PCからの送信データ
4	DTR	出力	通信可能通知
5	GND	-	グラウンド
6	DSR	入力	受信可能通知
7	RTS	出力	送信要求
8	CTS	入力	送信可能通知
9	RI	入力	電話のベルに相当

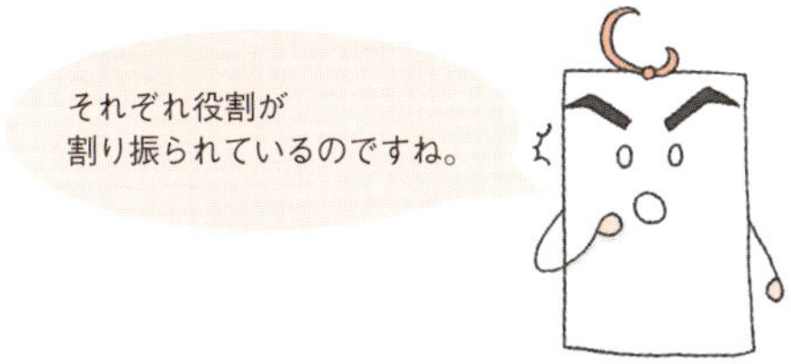

それぞれ役割が割り振られているのですね。

パラレルポート：プリンタやハードディスクを接続

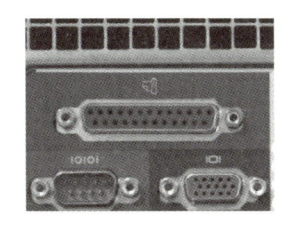

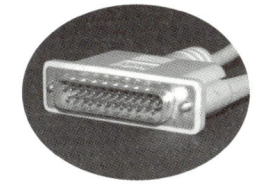

現在では、USB対応機器が普及したことなどから、シリアルポートやパラレルポートを利用した接続はあまり見かけなくなっています。

シリアルポートとパラレルポート

PCカード

追加したい機能が同じ規格の機器にまとめられていると便利ですね。

PCカードとは

日米で共同して策定された、カード型の拡張機器です。おもにノートパソコン、省スペース型パソコンなどで、さまざまな機能を追加するために利用されます。

PCカードスロットに挿して使います。

PCカードの形状

PCカードのサイズは85.6mm×54mmで、厚さにより以下のように分類されます。なお、コネクタの部分はどれも3.3mmで、68ピンとなっています。

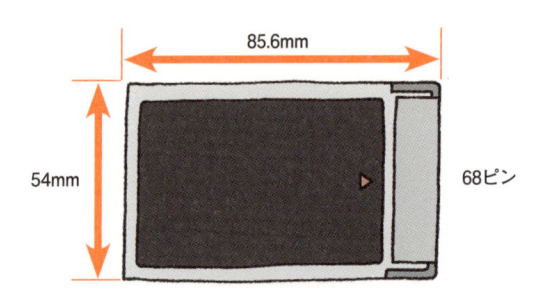

名称	厚さ
Type Ⅰ	3.3mm
Type Ⅱ	5mm
Type Ⅲ	10.5mm

クレジットカードと同じ大きさです。

PCカードの用途

PCカードの規格は、ネットワークカード、無線LANの子機、データ通信カード、メモリーカードアダプタなどさまざまな用途に利用されます。

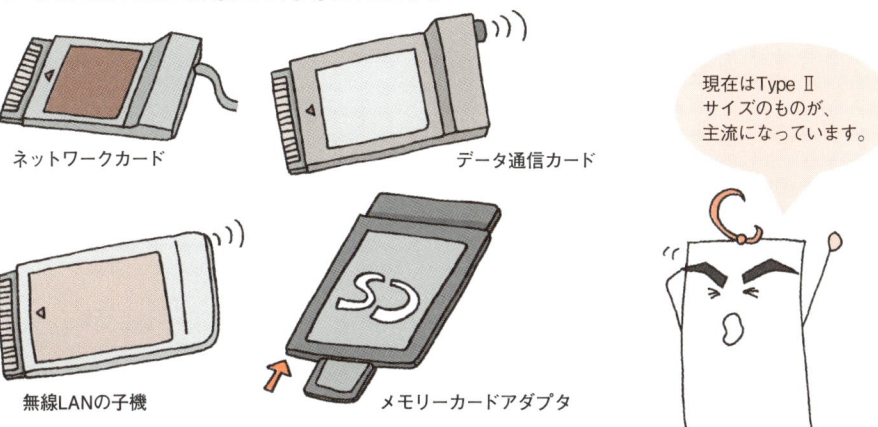

ネットワークカード

データ通信カード

無線LANの子機

メモリーカードアダプタ

現在はType IIサイズのものが、主流になっています。

ExpressCard

最近はPCカードに代わって、新しい規格のExpressCardが普及してきています。PCカードとの互換性はありません。

ExpressCard/34
75mm
34mm
26ピン

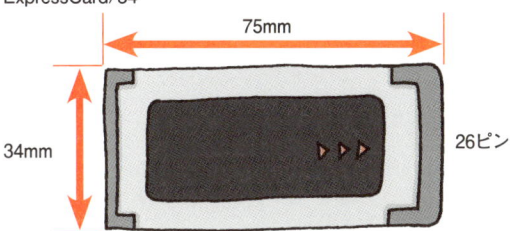

PCカードと比べて…
・サイズが小さい
・転送速度が速い
・消費電力が小さい

ExpressCard/54
75mm
54mm
22mm

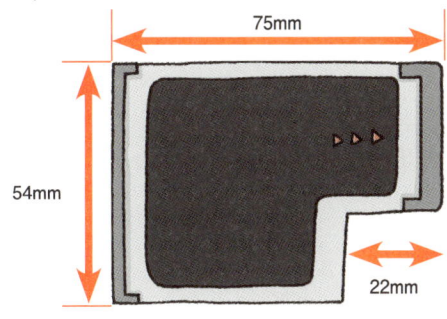

ExpressCard/54対応のスロットでは、ExpressCard/34カードも利用できます。

PCカード 121

キーボード

文字の入力にはキーボードを利用します。

P キーボードのしくみ

入力装置の1つであるキーボードは、次のようなしくみになっています。

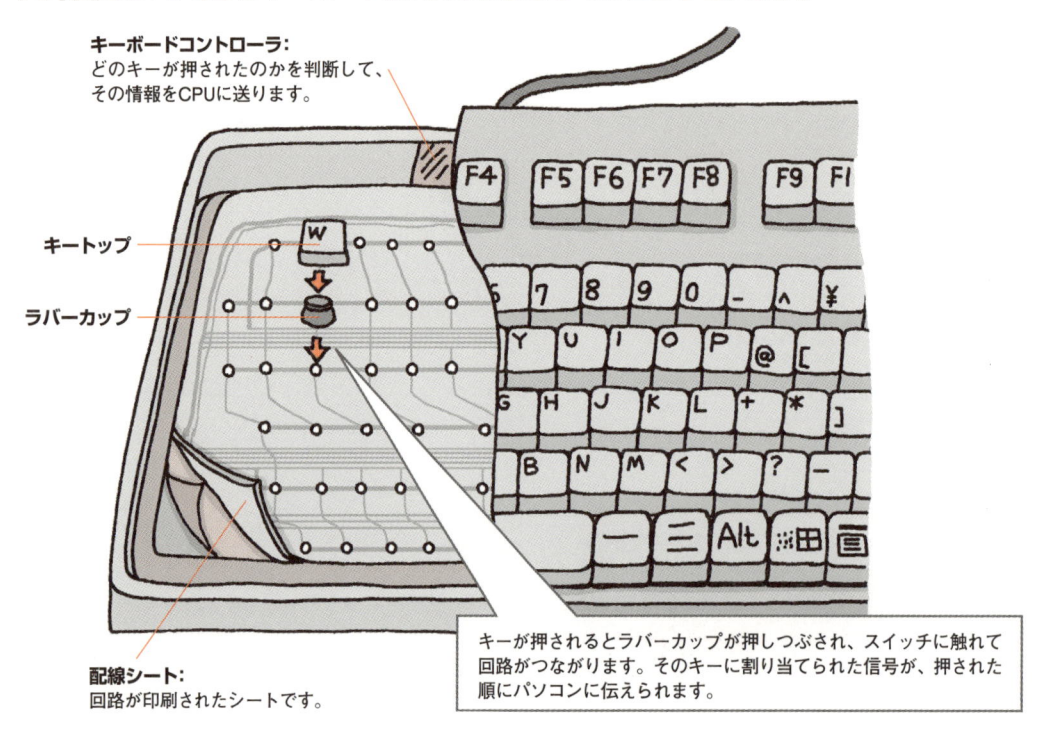

キーボードコントローラ:
どのキーが押されたのかを判断して、その情報をCPUに送ります。

キートップ

ラバーカップ

配線シート:
回路が印刷されたシートです。

キーが押されるとラバーカップが押しつぶされ、スイッチに触れて回路がつながります。そのキーに割り当てられた信号が、押された順にパソコンに伝えられます。

≫ キーピッチとキーストローク

キーピッチとは、キーの中心から隣のキーの中心までの距離のことです。キーストロークはキーを押したときにキーが沈む深さです。

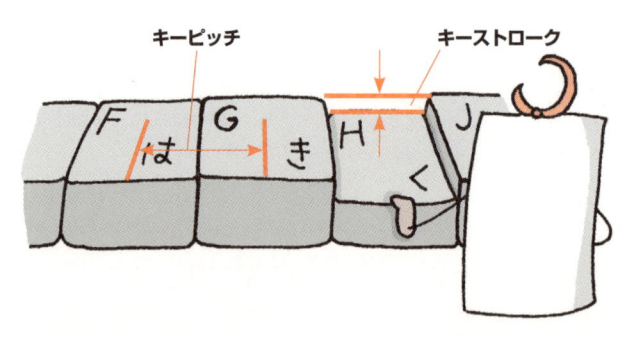

キーピッチ　**キーストローク**

キーピッチは一般的には15～20ミリ程度です。

接続方法

現在のキーボードはパソコン本体にUSB（p.115）コネクタで接続されているのが一般的です。従来はPS/2という規格のコネクタで接続されていました。

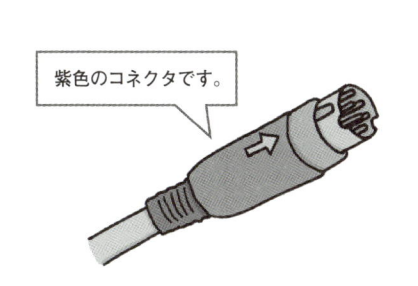

紫色のコネクタです。

PC側

マウス用のPS/2ポートとは別のものです。

キーの数の違い

キーボードをキーの数の違いによって分類すると、次のものが有名です。冒頭の数字がキーの数を表します。

101 キーボード（英語）	IBM社のPC/AT機用に開発された、標準的な英語キーボード。下の3つのキーボードの基礎になっている。
104 キーボード（英語）	101キーボードにWindowsキーを2個、アプリケーションキーを1個追加したもの。
106 キーボード（日本語）	101キーボードに日本語入力や変換用のキーを5個追加したもの。
109 キーボード（日本語）	106キーボードにWindowsキーを2個、アプリケーションキーを1個追加したもの

109キーボード

Windowsキー

アプリケーションキー

101キーボード

細かい仕様はメーカーによって異なります。

マウス

スムーズにパソコンを操作するためには、マウスは欠かせません。

マウスとは

マウスは画面に表示される**マウスポインタ（マウスカーソル）**を操作するための機器です。

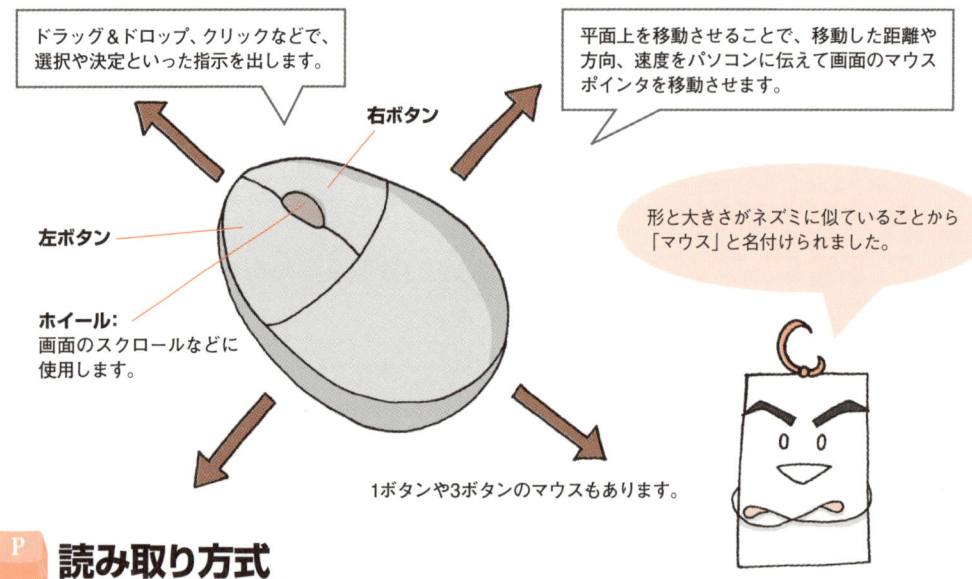

- ドラッグ＆ドロップ、クリックなどで、選択や決定といった指示を出します。
- 平面上を移動させることで、移動した距離や方向、速度をパソコンに伝えて画面のマウスポインタを移動させます。
- **右ボタン**
- **左ボタン**
- **ホイール:** 画面のスクロールなどに使用します。
- 1ボタンや3ボタンのマウスもあります。

> 形と大きさがネズミに似ていることから「マウス」と名付けられました。

読み取り方式

マウスの移動距離や速度を読み取る方法にはいくつかの種類があります。現在は、**光学式マウス**や**レーザー式マウス**が主流です。

≫ 光学式

発光器と受光器を持ち、下から反射する光（赤外線）を読み取ってマウスの動きを感知します。

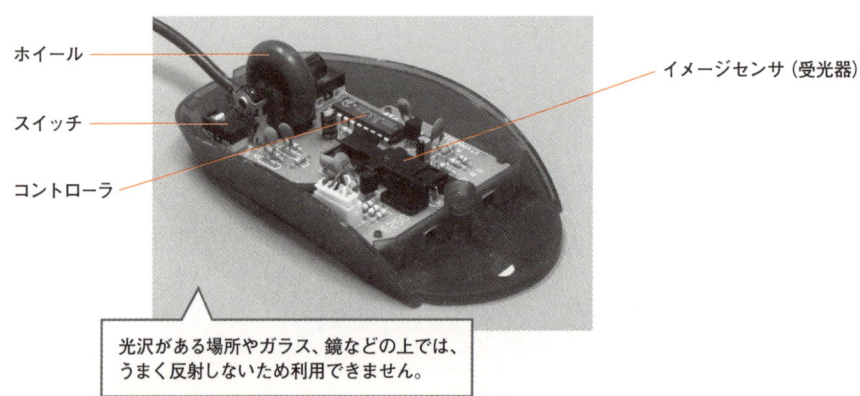

- ホイール
- スイッチ
- コントローラ
- イメージセンサ（受光器）
- 光沢がある場所やガラス、鏡などの上では、うまく反射しないため利用できません。

≫レーザー式

光学式マウスの一種ですが、レーザー光を使用します。

- 光沢がある場所でも利用できます。
- 読み取りの精度（細かい動きを読み取る能力）と回数が大幅に改良されています。

≫ボール式マウス

内蔵されたボールの回転量や方向をロータリーエンコーダで読み取って、マウスの動きを感知します。

- 水平な場所でないと使いづらいです
- ボールにゴミが付着しやすいため、掃除が必要です。

Y方向ロータリーエンコーダ
X方向ロータリーエンコーダ
スイッチ
ボール

接続方法

現在のマウスはパソコン本体にUSB（p.115）コネクタで接続されているものや、無線を用いているものが一般的です。従来はキーボードと同様に（p.123）、PS/2という規格のコネクタで接続されていました。

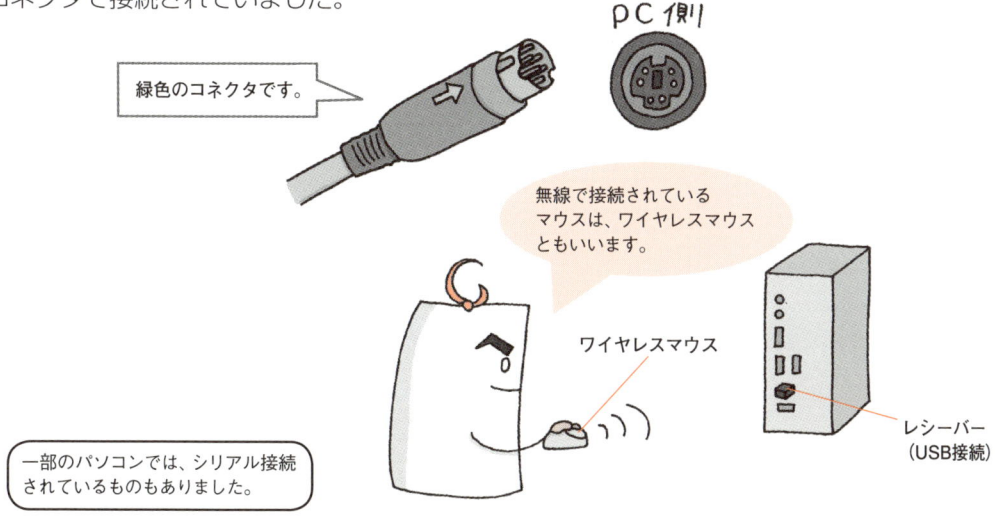

緑色のコネクタです。

PC側

無線で接続されているマウスは、ワイヤレスマウスともいいます。

ワイヤレスマウス

レシーバー（USB接続）

一部のパソコンでは、シリアル接続されているものもありました。

その他のポインティングデバイス

マウスのほかには、どのようなポインティングデバイスがあるでしょうか。

P トラックボール

ボールを指で回して画面上のマウスポインタを操作する装置です。装置自体は固定されていて動きません。

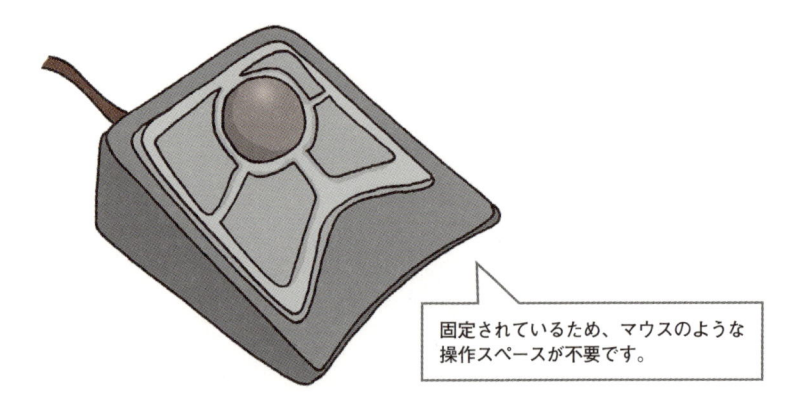

> 固定されているため、マウスのような操作スペースが不要です。

P タッチパッド

小さな平面の上を指でなぞることで、画面上のマウスポインタを操作する装置です。おもにノートパソコンで利用されます。

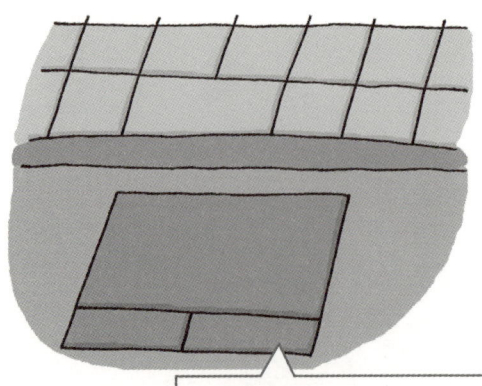

> ボタンを使わず、パッド上を軽く叩いてマウスのクリックにあたる動作を行うこともできます。

ポインティングスティック

ノートパソコンのキーボード中央にある、小さな突起状の装置です。力を加えることで、画面上のマウスポインタを操作します。

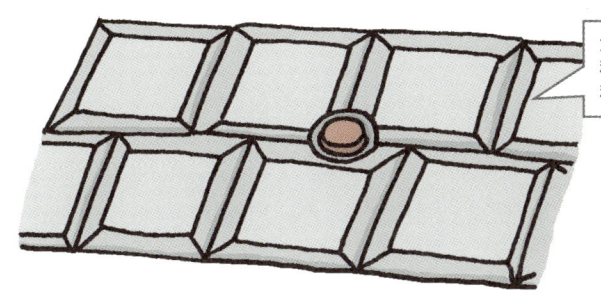

力を加える方向がポインタの移動方向、力の強さがポインタの移動速度になります。

タッチパネル

指や専用のペンで直接ディスプレイの画面上に触れ、操作する装置です。

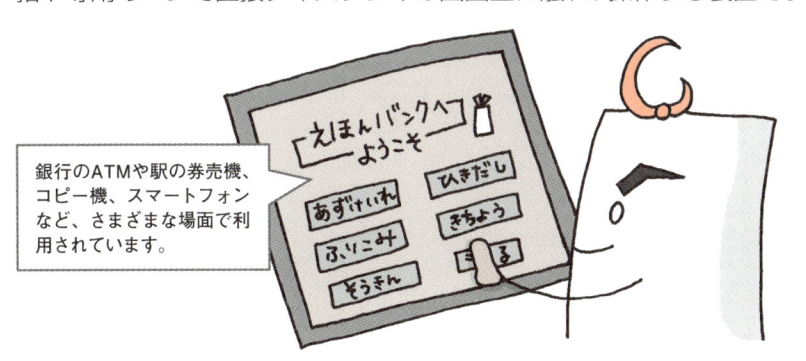

銀行のATMや駅の券売機、コピー機、スマートフォンなど、さまざまな場面で利用されています。

操作がわかりやすく簡単です。

ジョイスティック／ゲームパッド

どちらも、おもにパソコンやテレビでゲームをするときの、コントローラとして利用される装置です。

レバーを前後左右に動かしたり、ボタンを押したりして操作します。

その他のポインティングデバイス

COLUMN コラム

〜キーボードのキー配列〜

みなさんがキーボードから日本語を入力するときの方式は、ローマ字入力でしょうか、それともかな入力でしょうか。

ローマ字入力は、日本語の読みをローマ字のつづりに従って入力していく方法です。キーの上に印字されたアルファベットを利用します。かな入力は、キー上に印字されたひらがなのとおりに日本語の読みを入力していく方法です。日本人向けのキーボードでは、どちらの入力方式にも対応できるよう、キーの上にアルファベットとひらがなが両方印字されています。

一般的なキーボードでは、アルファベットのキー配列は左上端（2段目）からQ、W、E、R、T、Yの順番になっていることから、**QWERTY配列**とも呼ばれます。これはもともと、1870年代に登場した英文タイプライターで採用されたキー配列です。QWERTY配列が採用された理由については、印字中にアーム部分が絡みにくいよう文字を配置した、タイプライターはキーが重いためよく使う文字を中央に集めた、左右の指を平均的に使い効率よくキーを打てるような配置にした、などいろいろな説があるようです。いずれにせよ、英語圏ではこの配列がパソコンのキーボードに取り入れられたのです。

一方、かなのキー配列は、1段目の左上端からぬ、ふ、あ、う、え……の順番になっている**JISカナ配列**が、現在もっとも普及しています。正式名称を「JIS X 6002-1980 情報処理系けん盤配列」といい、JISカナのほか旧JISとも呼ばれます。JISカナ配列のベースになったのは、大正時代に作られたカナモジタイプライタのキー配列です。カナモジタイプライタでは、あいうえお順に近く、覚えやすいようキーが配列されていました。のちのタイプライターでキーの数が増えた際、これまでシフトキーで切り替えていた文字を不規則に割り当ててしまい、結果としてあまり効率的な配列ではなくなったともいわれています。

ほか親指シフト配列、新JIS配列（1999年廃止）をはじめ、さまざまなかな入力方法があり、キーボードのキー配列を変更できるソフトも出回っています。

プリンタ

第8章

第8章は ここがkey!

Topics プリンタといってもさまざまなものがある

　8章ではプリンタを扱います。「プリンタを持っている」というひとは、インクジェットプリンタですか？それともレーザープリンタでしょうか。一口にプリンタといっても、性能や特徴にはさまざまなものがあり、用途に応じて使い分けられるようになっています。ではどのようなプリンタがあるのか、まずは印字方式に注目してみます。

　印字方式では大きく、**インパクト式**プリンタと**ノンインパクト式**プリンタの2つに分けられます。インパクト式プリンタは、インクリボンを紙の上に乗せ、その上からピンを打ち付けることで印刷を行う方式のプリンタです。配達伝票のような複写が必要なものを印刷するときに使われるといえばイメージしやすいかもしれません。そして、こうしたインパクト式ではない方法で印刷を行うプリンタの総称が、ノンインパクト式プリンタです。本書ではノンインパクト式プリンタの例として、インクジェットプリンタやレーザープリンタをあげていますが、このほかに、熱によってインクリボンのインクを溶かしながら印刷を行う熱転写プリンタなどもあります。

　次に出力単位の違いでプリンタを分類してみましょう。家庭でよく使われるインクジェットプリンタは、インクカートリッジ部分が何度も左右に往復し、横方向の印刷を繰り返すことで1ページ分の印刷が完成します。このような方式のプリンタを**シリアルプリンタ**といいます。これに対して、1ページ単位で印刷を行う方式のプリンタは**ページプリンタ**と呼ばれます。レーザープリンタはこちらに分類され、1ページぶんの内容を感光ドラムに描き、写し取って印刷するしくみになっています。

Topics プリンタの性能を表す

　印刷の細かさは、1インチ（2.54cm）の範囲をいくつのドット（インクの粒）で表現しているのかを、**dpi**という単位で示します。これを印刷の解像度といい、数値が大きいほど、細かくきれいに印刷できることを意味します。ディスプレイの表示能力を示すときにも解像度という言葉が使われますが、こちらは画面全体に表示できるピクセル数を表していますので、混同しないようにしてください。

　最近のカラープリンタは、写真のような美しい仕上がりになりますが、じつはすべてシアン、マゼンタ、イエロー、黒、つまりインクカートリッジの4色で表現されています。この4色の配合割合を変えながら、数多くの色を出しているのです。インクには染料系インクと顔料系インクとがあります。それぞれにメリット／デメリットがあるので、自分が印刷したい内容や印刷用紙と適したインクを選ぶようにしましょう。

　プリンタの速度は1ページあたりにかかる時間、または1分あたりに印刷できる枚数で表します。メーカーのWebサイトやカタログに印刷速度が記載してあるので、どちらで表されているかチェックしてみるとよいでしょう。ただし、実際の印刷にかかる時間は、印刷するデータのサイズや内容、解像度をはじめとしたいろいろな条件によって変わってくることに注意してください。

　これまで何気なくプリンタを利用していたひとは、ぜひ本章を読んでみることをおすすめします。

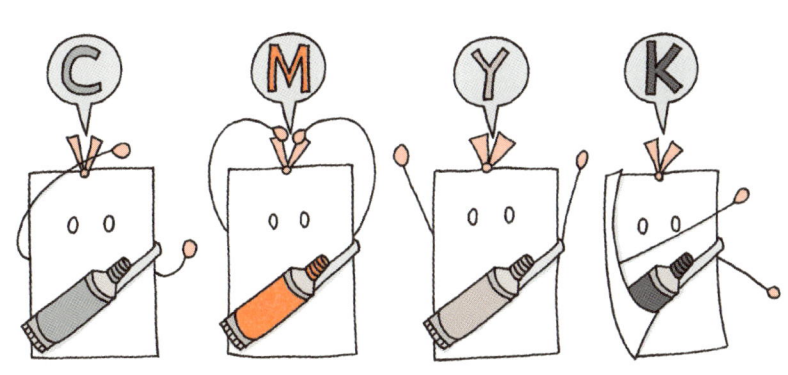

プリンタの種類(1)

プリンタは代表的な出力装置のひとつです。ここでは印字方式の違いによってプリンタを分類してみます。

ᴾ プリンタとは

プリンタとは、パソコンで作成したり、外部からパソコン内に取り込んだりしたデータを印刷する機器です。

さまざまなものに印刷できます。

印字の方法によって、次の2つに大別できます。

ᴾ インパクト式プリンタ

印字ヘッドに縦横に並んだピンをインクリボンに打ち付けることで、印刷を行う方式のプリンタです。一般的には**ドットインパクトプリンタ**と呼ばれます。

※ドットについてはp.136を参照してください。

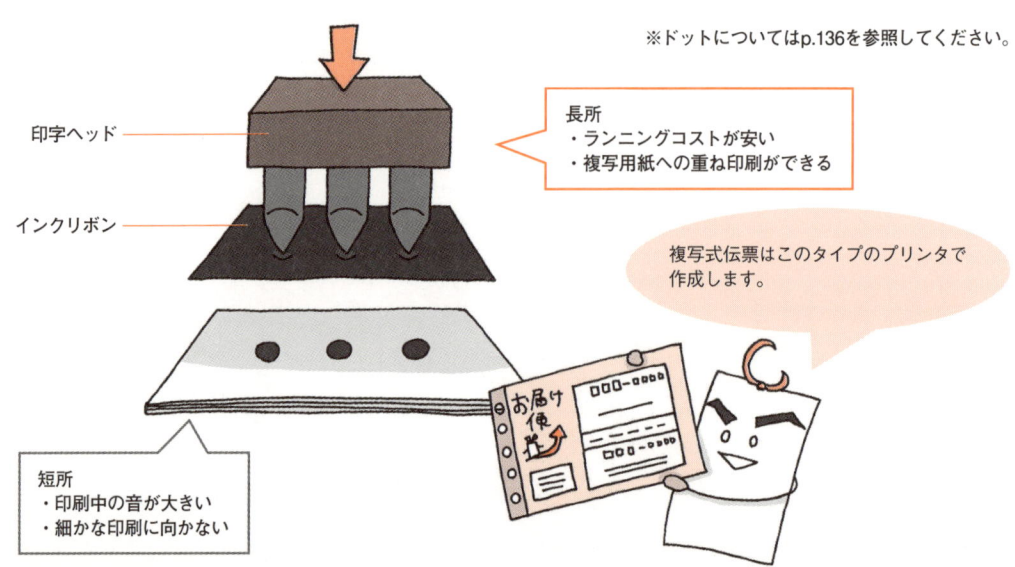

印字ヘッド
インクリボン

長所
・ランニングコストが安い
・複写用紙への重ね印刷ができる

複写式伝票はこのタイプのプリンタで作成します。

短所
・印刷中の音が大きい
・細かな印刷に向かない

ノンインパクト式プリンタ

インパクト式以外の方法で印刷を行うプリンタです。印刷方法はいくつかありますが、現在では**インクジェットプリンタ**と**レーザープリンタ**が主流になっています。

インクジェットプリンタ

インクに熱や圧力をかけて印字ヘッドの穴（ノズル）から噴射させて印字します。小型で安価なので個人用プリンタとしてよく利用されます。

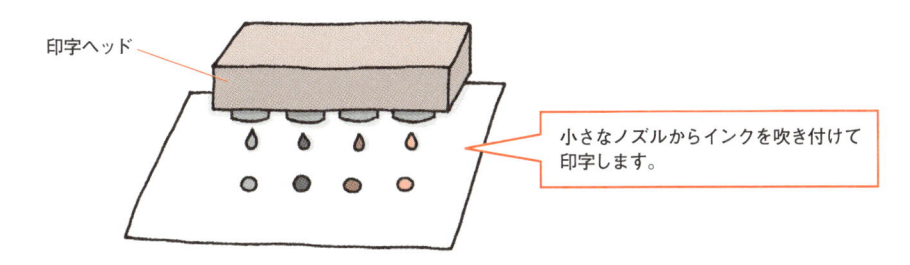

印字ヘッド

小さなノズルからインクを吹き付けて印字します。

レーザープリンタ

レーザー光を当てて感光ドラムにトナーを付着させ、それを熱と圧力で紙に転写して印字します。高速で高品質な印刷ができます。

レーザー光　　トナー

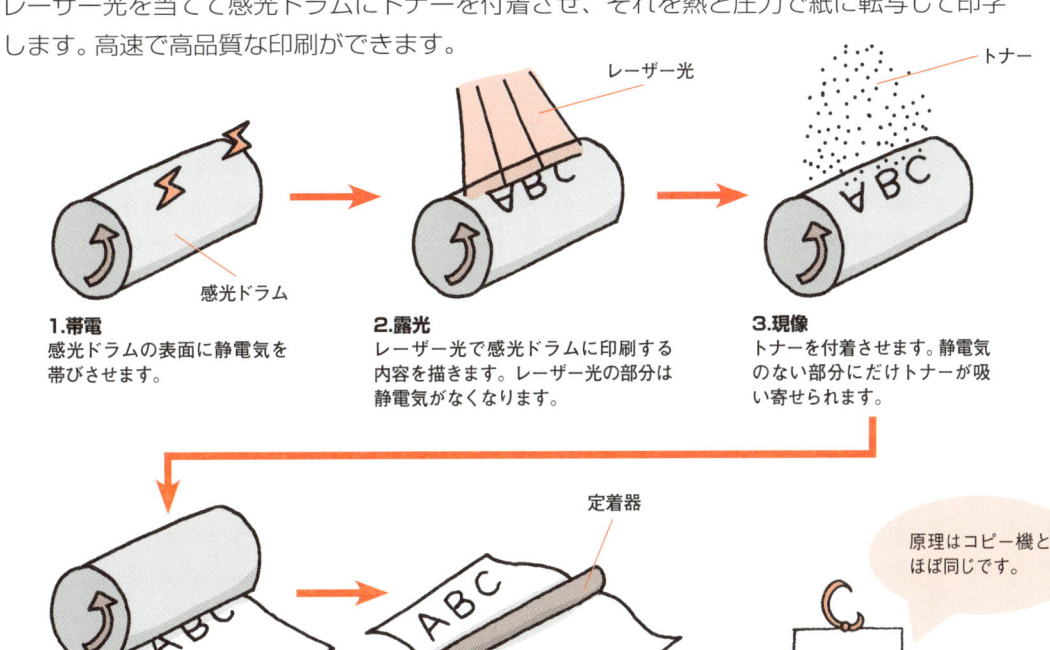

1.帯電
感光ドラムの表面に静電気を帯びさせます。

2.露光
レーザー光で感光ドラムに印刷する内容を描きます。レーザー光の部分は静電気がなくなります。

3.現像
トナーを付着させます。静電気のない部分にだけトナーが吸い寄せられます。

定着器

4.転写
トナーを用紙に転写します。

5.定着
用紙に熱と圧力をかけてトナーを定着させます。

原理はコピー機とほぼ同じです。

プリンタの種類(2)

プリンタは出力単位の違いによっても分類できます。

シリアルプリンタ

1文字ずつ横方向に印刷していく方式のプリンタです。ドットインパクトプリンタやインクジェットプリンタ（p.133）はシリアルプリンタに分類されます。

印字ヘッド（インクカートリッジ部分）が何度も左右に行き来して印刷を繰り返します。

※ドットについてはp.136を参照してください。

小型で低価格なので、一般家庭に普及しています。

ページプリンタ

1ページ単位で印刷を行う方式のプリンタです。レーザープリンタはページプリンタに含まれます。

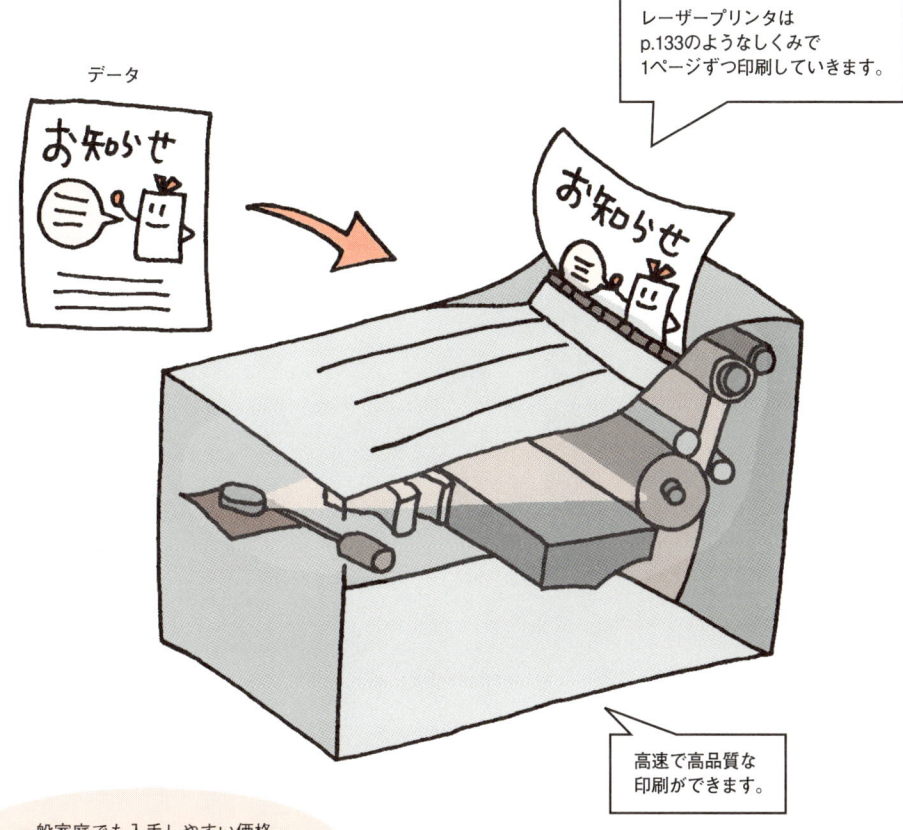

データ

レーザープリンタは
p.133のようなしくみで
1ページずつ印刷していきます。

高速で高品質な
印刷ができます。

一般家庭でも入手しやすい価格
の製品が登場しています。

プリンタの解像度

印刷では解像度が重要になります。

解像度とは

ディスプレイやプリンタなどは、データを小さな点の集まりで表示します。解像度はこのマス目の細かさの度合いを数値で表したものです。1つ1つの点は、**ピクセル**や**ドット**と呼ばれます。

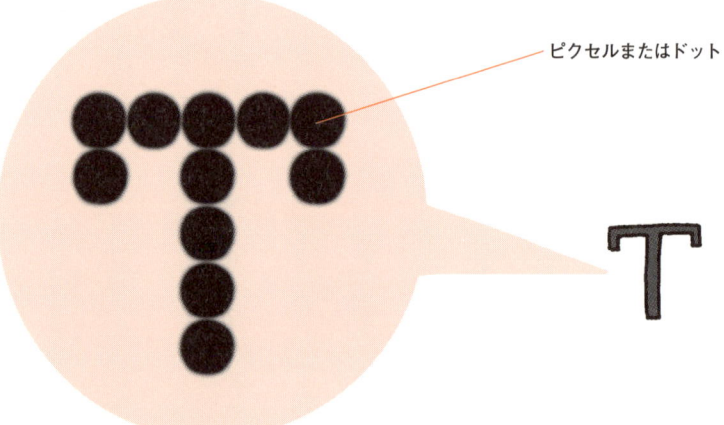

ピクセルまたはドット

画面解像度

ディスプレイの解像度は、画面全体に表示できるピクセル数で表します。

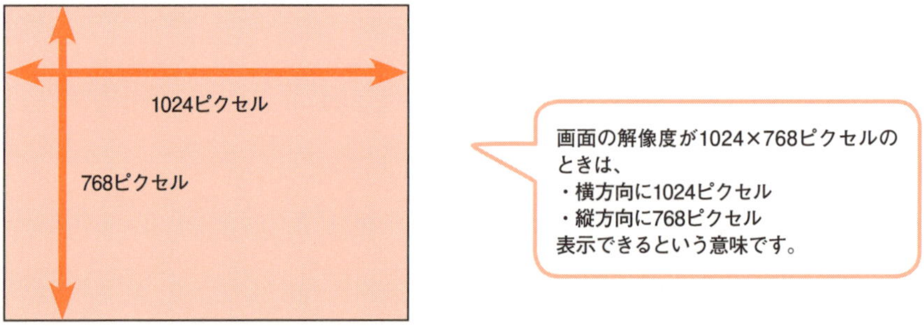

1024ピクセル
768ピクセル

画面の解像度が1024×768ピクセルのときは、
・横方向に1024ピクセル
・縦方向に768ピクセル
表示できるという意味です。

Windowsの場合は
[画面のプロパティ]で確認できます。

印刷の解像度

プリンタの解像度は、1インチ（2.54cm）の範囲をいくつのドット（インクの粒）で表現しているのかを表します。単位として**dpi**（dots per inch）が用いられます。

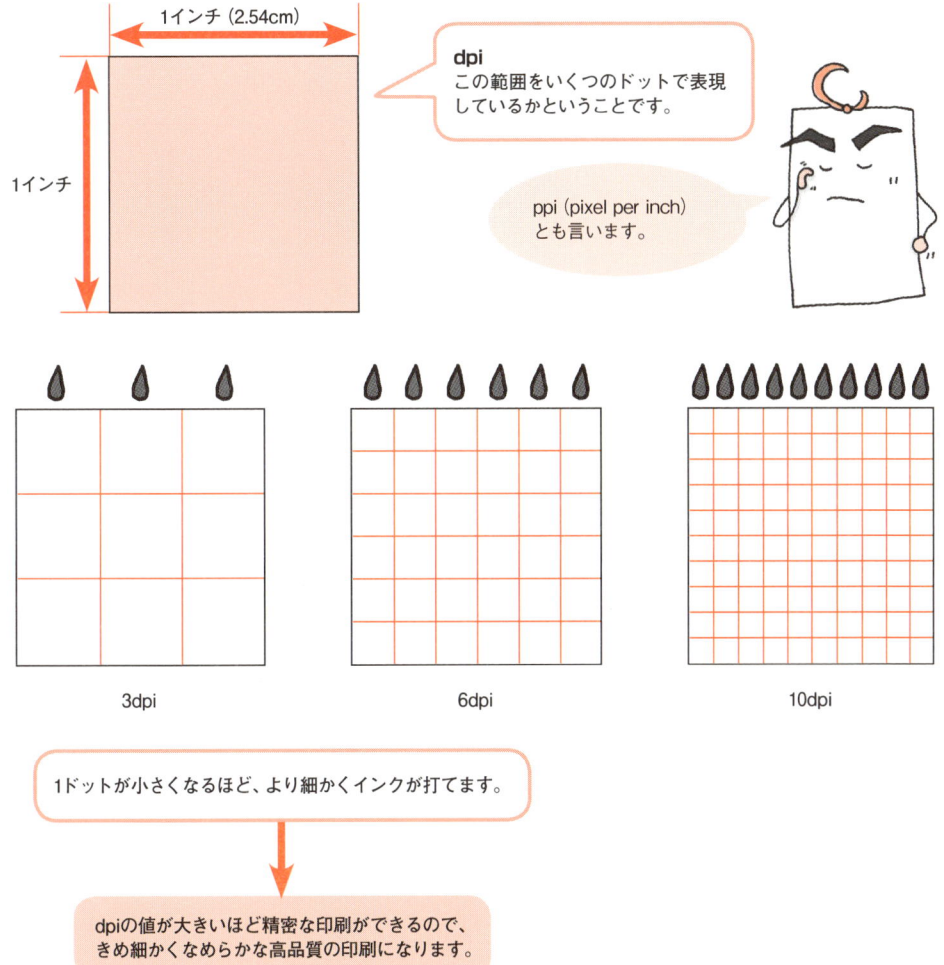

dpi
この範囲をいくつのドットで表現しているかということです。

ppi（pixel per inch）とも言います。

3dpi　　　　6dpi　　　　10dpi

1ドットが小さくなるほど、より細かくインクが打てます。

dpiの値が大きいほど精密な印刷ができるので、きめ細かくなめらかな高品質の印刷になります。

プリンタの解像度はディスプレイの解像度よりも高く、より多くの情報を一度に表現できます。

やっぱり紙に印刷されているほうが見やすいなあ。

カラープリンタの発色

きれいなカラー印刷も、基本的にはたった4つの色で作られています。

CMYK

CMYKとは印刷における色の表現方法のひとつです。色の三原色であるC（Cyan：シアン）、M（Magenta：マゼンタ）、Y（Yellow：イエロー）とK（Black：ブラック）の4色の組み合わせで、すべての色を表現します。

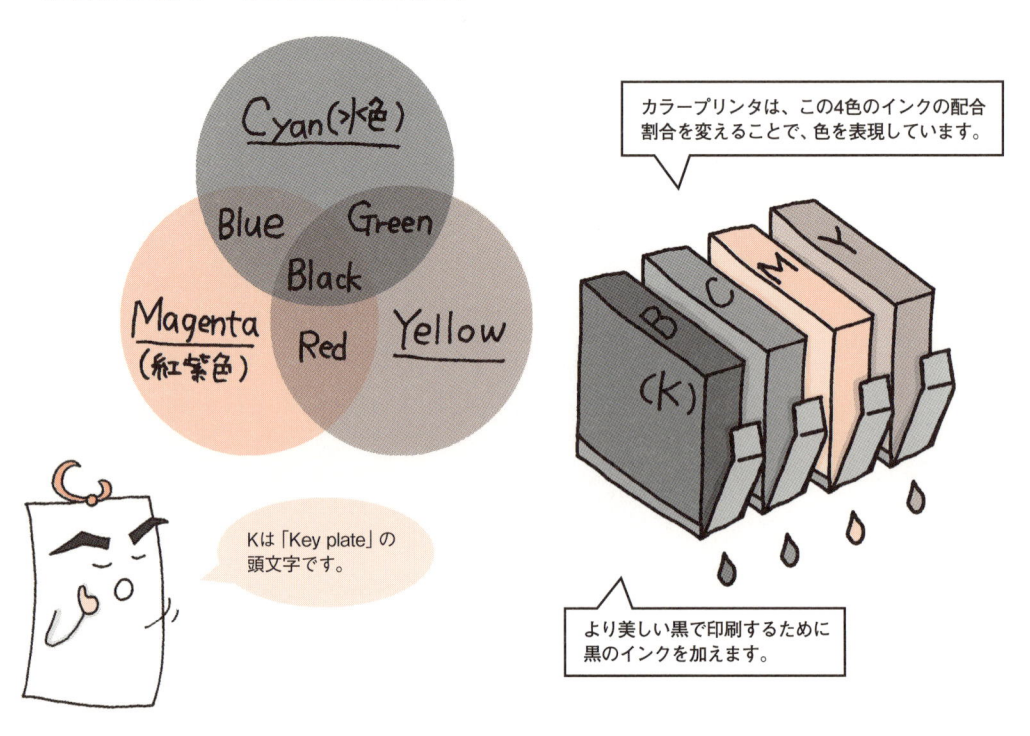

> カラープリンタは、この4色のインクの配合割合を変えることで、色を表現しています。

> Kは「Key plate」の頭文字です。

> より美しい黒で印刷するために黒のインクを加えます。

ディスプレイは、光の三原色である
R（Red：赤）、G（Green：緑）、B（Blue：青）を
組み合わせるRGB方式で、色を表現しています。

🅟 インクの種類

インクには、**染料系**と**顔料系**の2種類があります。

≫ 染料系インク

インクの粒子が水や油に溶けているタイプのインクです。インクを用紙に染み込ませて発色させます。

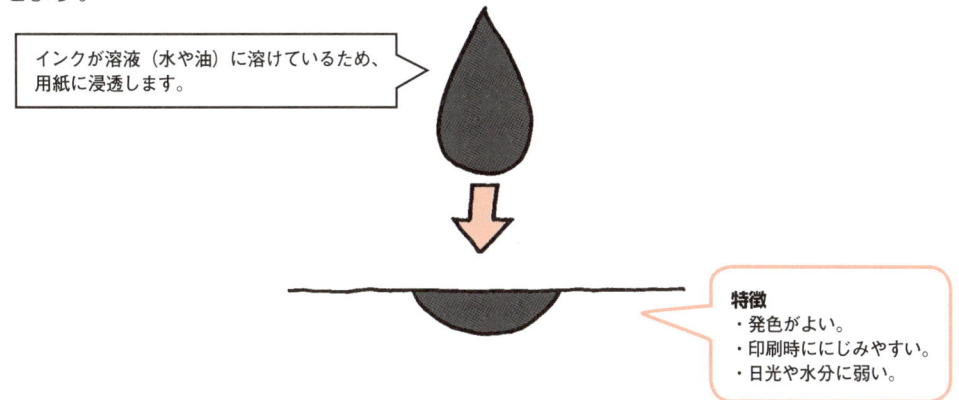

インクが溶液（水や油）に溶けているため、用紙に浸透します。

特徴
・発色がよい。
・印刷時ににじみやすい。
・日光や水分に弱い。

≫ 顔料系インク

インクの粒子が水や油に溶けず、溶液中に浮いているタイプのインクです。インクを用紙の上に付着させて発色させます。

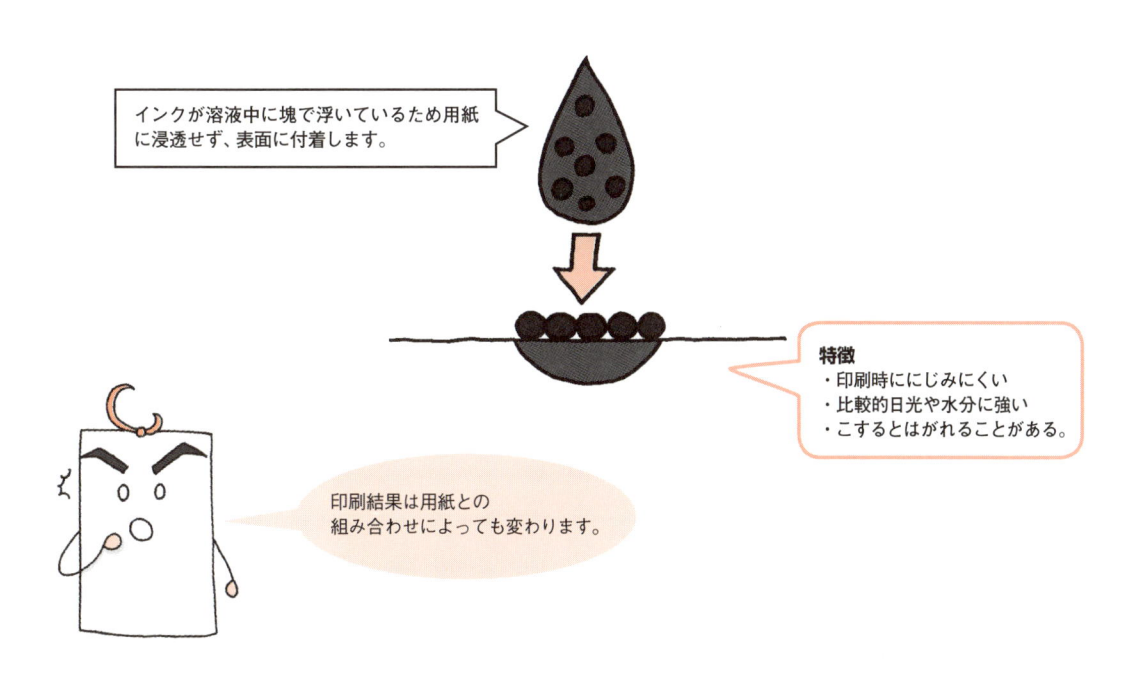

インクが溶液中に塊で浮いているため用紙に浸透せず、表面に付着します。

特徴
・印刷時ににじみにくい
・比較的日光や水分に強い
・こするとはがれることがある。

印刷結果は用紙との組み合わせによっても変わります。

プリンタの印刷速度

印刷が速い遅いといいますが、メーカー公式では**1枚の印刷にかかる時間や1分間に印刷できる枚数**で示されています。

印刷速度

プリンタの印刷速度は、用紙1枚の印刷にかかる時間で表す場合と、1分間に印刷できる量で表す場合とがあります。

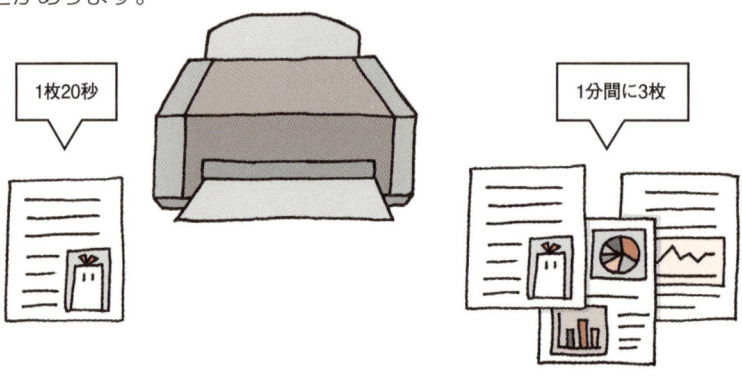

1枚20秒

1分間に3枚

ppmとipm

1分間に印刷できる量を表すのに、**ppm**や**ipm**という単位が用いられます。

≫ ppm (page per minute)

1分間に印刷できる用紙（一般にはA4）の枚数を表します。

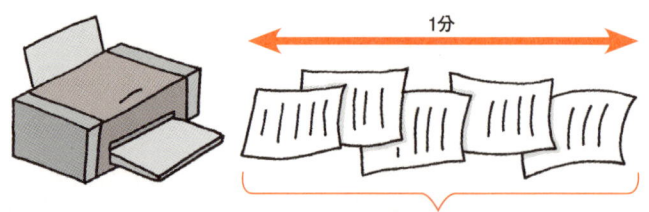

1分

1分間に5枚なら5ppm

≫ ipm (image per minute)

1分間に印刷できる面（用紙はA4）の枚数を表します。

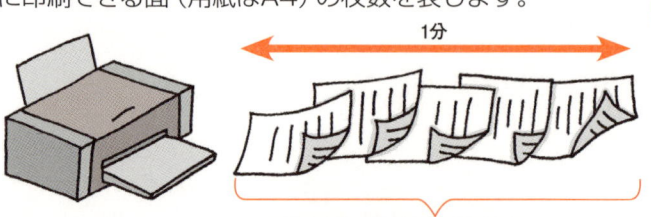

1分

1分間に5枚の用紙を両面印刷しているので、10面となり、10ipm

> ipmはppmよりも新しい測定方法です。

印刷速度を決めるのは

プリンタの実際の印刷速度は、さまざまな要因に左右されます。

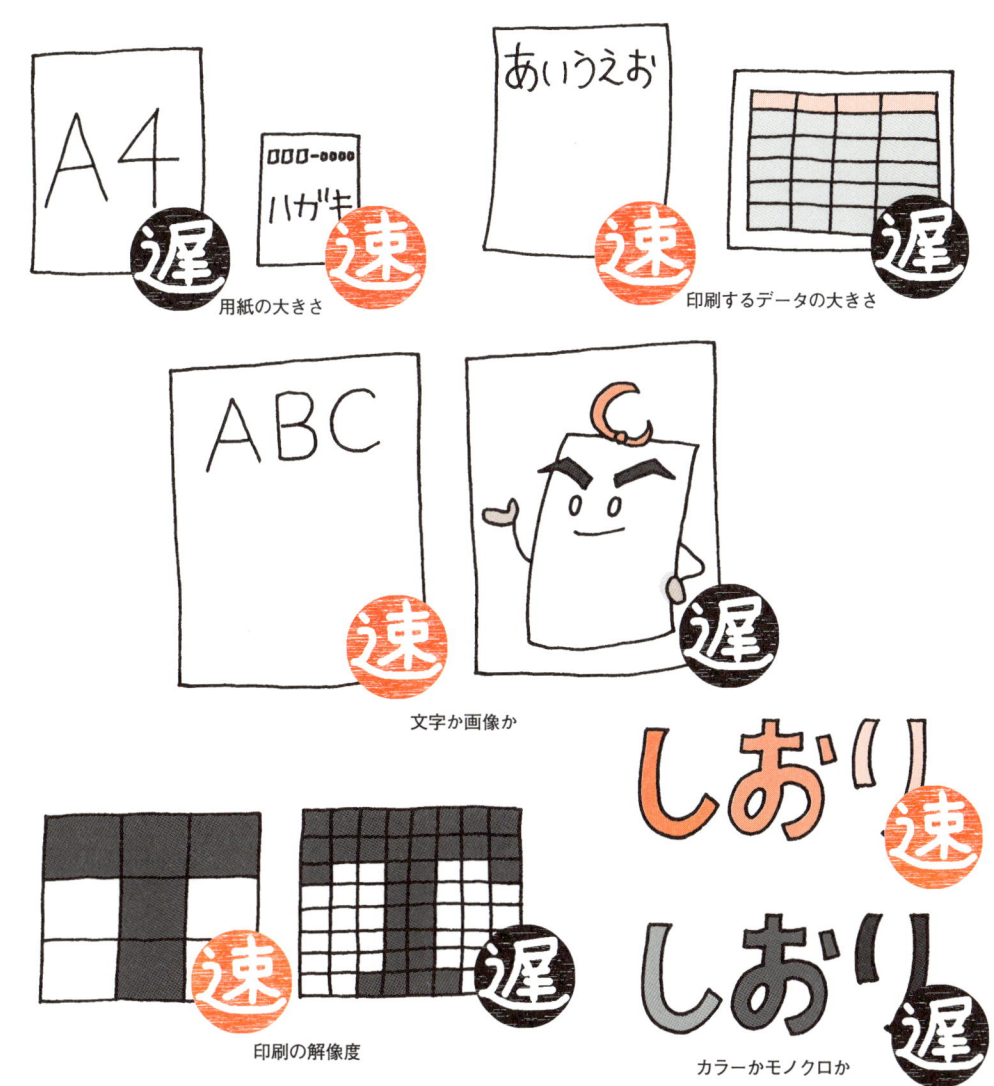

遅　速　用紙の大きさ

速　遅　印刷するデータの大きさ

速　遅　文字か画像か

速　遅　印刷の解像度

速　遅　カラーかモノクロか

文章よりも、カラー画像をきれいに印刷するほうが時間がかかります。

COLUMN コラム
〜A版、B版の話〜

　最近は手頃な価格で高性能のプリンタが手に入ります。そのため、家庭でデジタルカメラ画像を印刷したり、名刺や各種のラベルを作成したりすることもできるようになり、そういった用途に特化した用紙／粘着ラベルなども数多く販売されています。ですが、一般的な用途であれば、A3、A4、B5のように記載された用紙を購入しますね。たとえばコピーサービスを利用した経験があれば、このA×（数字）、B×（数字）が用紙サイズを表していることはなんとなく見当がつくでしょう。では、AとBではどう違うのか、ご存じですか？

　A表記のほうはA版といい、19世紀末のドイツの物理学者オズワルドによって提案された、ドイツの工業規格を採用したものです。現在では国際規格になっています。対してB判は、江戸時代の美濃紙の規格をもとに作成した、日本独自の規格です。それぞれ1番大きなサイズをA0（1189×841mm）、B0（1456×1030mm）とし、0から10まで数値が上がるにつれてサイズが小さくなります。長方形の長いほうの辺（長辺）で半分に折ると、一つ小さいサイズになるのですが、このときつねに相似した形となるよう縦と横の比率は1:√2と決められています（このような長方形を、白銀長方形といいます）。

A版の例　1189mm　841mm　A1　A2　A3　A4　A5　A6　A7　A8　A9　A10

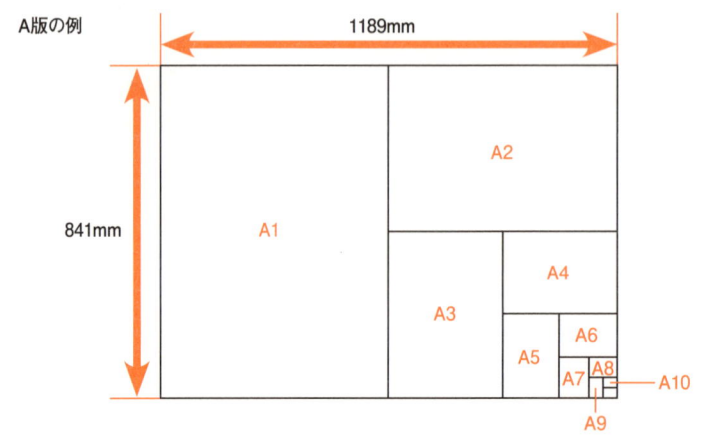

　最近は、A版（おもにA4版）の書類を手にすることが多いのではないでしょうか。プリンタ用紙売り場でも主流はA版です。以前は、日本独自のB版も公官庁などでよく使われていました。しかし世界に通用しているのはA版です。業務の国際化や、すでに一般企業のビジネス文書は国際規格のA版を採用していたことなどから、公官庁でも次第に文書をA版化する必要性が生じてきました。そこで、1993年（平成5年）4月からA版への移行が始められることになったのです。1997年（平成9年）には100％A版化されています。

　企業や公官庁など、オフィシャルな書類がA4版に統一されているのはこういった理由からです。

付録

もうちょっと、がんばってみる？

イメージスキャナ

印刷物や自分で描いた絵をパソコンに取り込んでみましょう。
取り込むことを「スキャンする」といいます。

🅿 イメージスキャナとは

イメージスキャナは、原稿に光を当てて図形や写真を読み取り、画像データに変換する機械です。次のようにいろいろな種類があります。

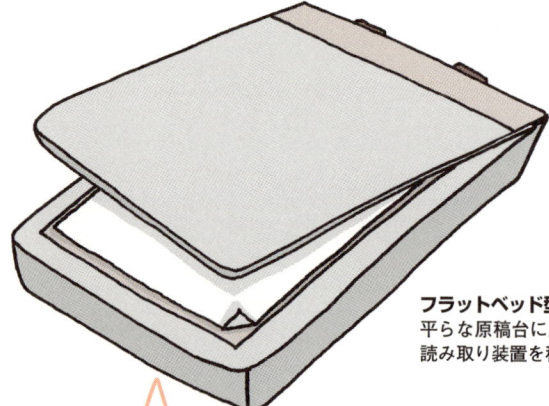

一番普及しているのがフラットベッド型です。

フラットベッド型
平らな原稿台に原稿を固定し、内部で読み取り装置を移動して読み取る

プリンタと一体になった複合機もあります。

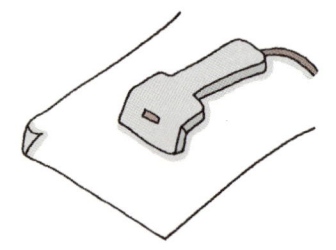

ハンディスキャナ
光源と読み取り装置を小さくまとめたもので、原稿の上をなぞって読み取る

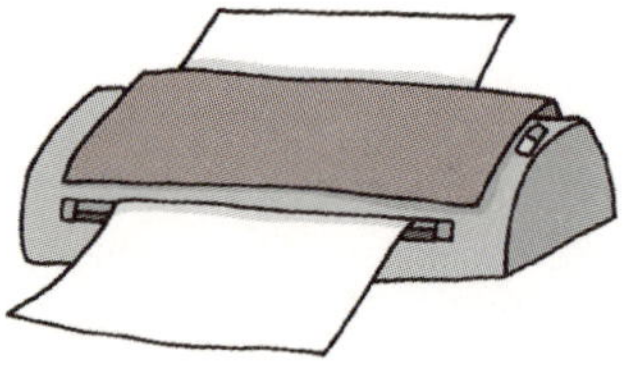

ADF（原稿送り）スキャナ
読み取り装置を固定して、自動原稿送り装置で原稿を移動させて読み取る

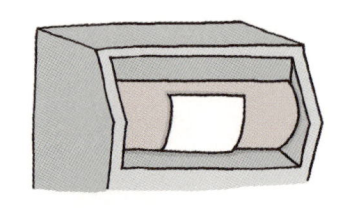

ドラムスキャナ
原稿を巻き付けた太い筒（ドラム）を回転させながら読み取りを行う大型の業務用機械

撮像素子

構造としては、原稿に光を当てて反射光を読み取る**反射型**と、写真のフィルム等の裏面から光を当てて透過光を読み取る**透過型**の2種類があります。

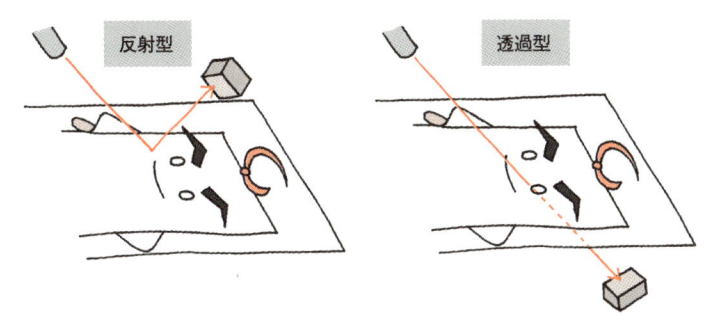

反射光や透過光の読み取り装置には**撮像素子**と呼ばれる光に反応するセンサーが組み込まれています。イメージスキャナでは**CCD**（Charge Coupled Devices）と**CIS**（Contact Image Sensor）が採用されています。

	光源	長所	短所
CCD	白色蛍光灯	・白黒画像を正しく読み取り可能 ・フィルムの読み取りが容易 ・高解像度のデータ作成に対応	・装置が大きい ・起動に時間がかかる ・電力消費が多い
CIS	RGBの発光ダイオード（LED）	・装置がコンパクト ・起動が速い ・電力消費が少ない	・読み取り速度が遅い ・CCDより色の再現性が低い

接続方法

現在オフィスや家庭向けに市販されているイメージスキャナの多くは、USBケーブルでパソコンに接続します。高解像度の読み取りを行う業務用や旧型の機種では、SCSI（スカジー）ケーブルを使って接続するものもあります。

イメージスキャナの解像度

どのくらいきれいに取り込めるのでしょうか。

解像度の単位

イメージスキャナでもプリンタと同様に、「dpi (dot per inch)」という単位で取り込みの細かさを表します。

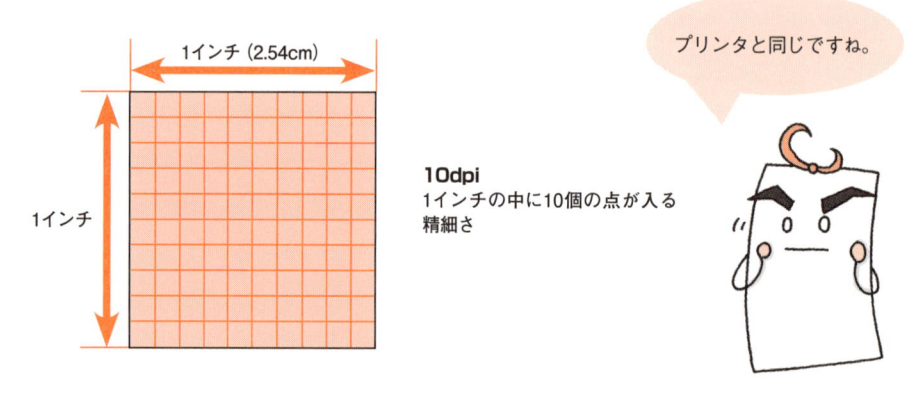

1インチ (2.54cm)
1インチ

10dpi
1インチの中に10個の点が入る精細さ

プリンタと同じですね。

通常、イメージスキャナでは、原稿の読み取りを行うときに解像度を設定することができます。また、用紙全体を取り込むと時間がかかるので、取り込み範囲を指定できるようになっています。

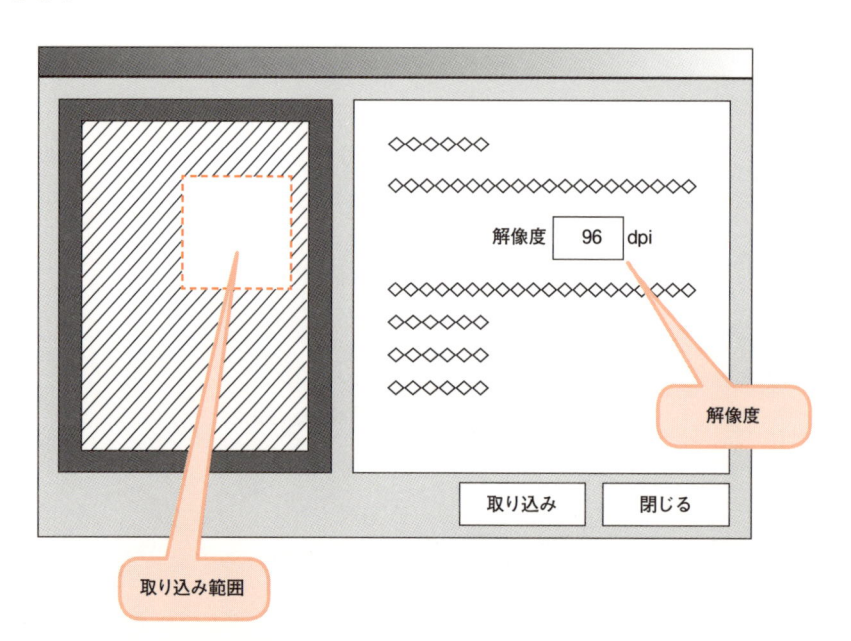

解像度　96 dpi

解像度

取り込み　　閉じる

取り込み範囲

取り込みサイズ

実際に取り込んでみたらどのくらいのサイズになるのかを表にまとめてみました。

取り込みサイズ	インチ	96dpi	150dpi	300dpi	600dpi	1200dpi	2400dpi	6400dpi
10cm	3.94	378	591	1,181	2,362	4,724	9,449	25,197
A4縦 (29.7cm)	11.7	1,123	1,754	3,508	7,016	14,031	28,063	74,835
A4横 (21cm)	8.27	794	1,240	2,480	4,961	9,921	19,843	52,913

（単位：ドット）

このように、高めの解像度で読み取ると、すぐに画面に入りきらないほどの大きさになってしまいます。画像サイズが大きくなるとメモリやディスク領域を消費し、作業効率が落ちるので、注意しましょう。

こんなに大きくなるのか！

モアレ

イメージスキャナで雑誌などの印刷物を取り込むとまだらのような模様が出ることがあります。これをモアレといいます。イメージスキャナ付属の取り込みツールや画像編集ツールには、モアレ除去機能がついていることもあります。

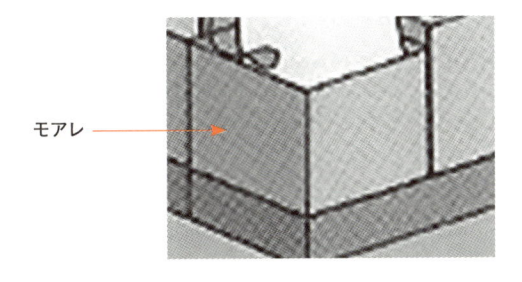

モアレ

PCカメラ(Webカメラ)

デジタルカメラとはどう違うのでしょう。

P PCカメラとは

PCカメラは、パソコンにUSBやIEEE 1394などのケーブルで接続して、動画や画像を撮影/録画したり、閲覧したりできるカメラです。撮影した画像や映像はハードディスクに記録されます。

静止画撮影用
シャッター

レンズ

内蔵している
パソコンもあります。

デジタルカメラと比べると、撮影する部分を取り出したようになっています。

	電源	記録場所	ファインダー
PCカメラ	パソコンの電源	ハードディスク	パソコンのモニタ
デジタルカメラ	バッテリー	SDカードなど	内蔵の液晶モニタ

その分、値段がお手頃です。

148 付録

Webカメラ

LANやインターネットなどのネットワークを経由して閲覧が可能なものは**Webカメラ**または**ライブカメラ**とも呼ばれます。インスタントメッセンジャーサービスを利用すれば簡単にテレビ電話を実現できます。

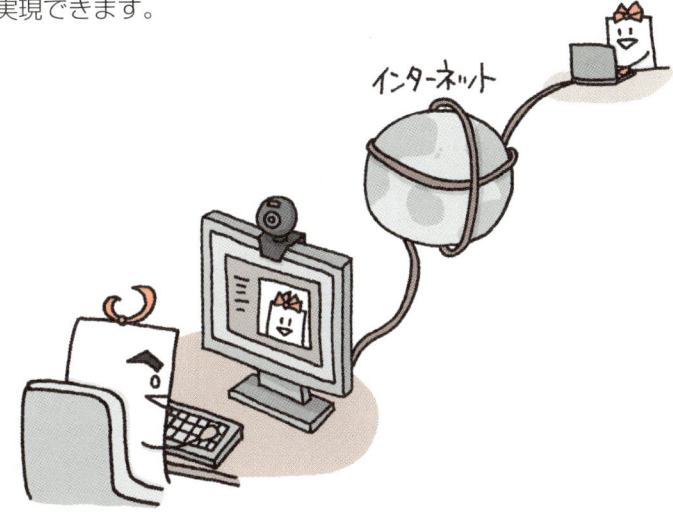

また、Webカメラは世界各地に設置されており、天気や渋滞状況の観測、観光スポットの紹介などの映像を閲覧できます。防犯システムにも活用されています。

TVチューナーとビデオキャプチャ

最近のコンピュータには、テレビ放送の視聴可能をうたった機種が増えていますね。

P テレビチューナー

パソコンでテレビを視聴するためには、**テレビチューナーカード**という拡張カードをパソコンに取り付けます。多くのカードはテレビ放送の受信だけでなく、録画機能も持っています。テレビなどを録画することを**キャプチャ**といいます。

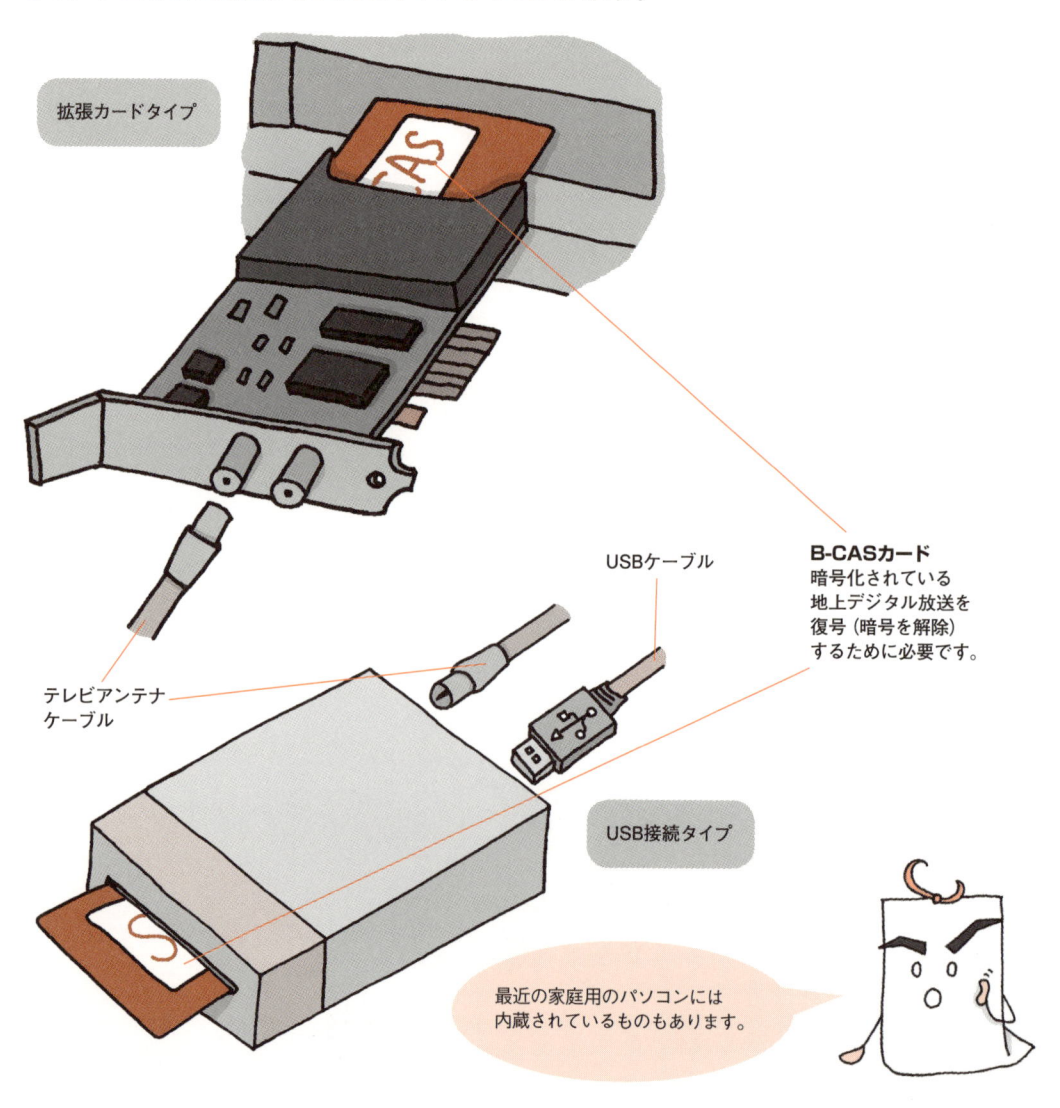

拡張カードタイプ

USBケーブル

B-CASカード
暗号化されている地上デジタル放送を復号（暗号を解除）するために必要です。

テレビアンテナケーブル

USB接続タイプ

最近の家庭用のパソコンには内蔵されているものもあります。

150 付録

ワンセグチューナー

地上デジタル放送の電波帯域の一部を使ったモバイル向けの低画質な放送をワンセグ放送といいます。ワンセグチューナーはB-CASカードが不要なので、とてもサイズが小さくなっています。

> USB接続が一般的ですが、内蔵しているものもあります。

キャプチャした映像の制限

キャプチャした映像は、MPEG-2やMPEG-4などのデータ形式に変換されて、ハードディスクに保存されます。現在、テレビ放送はダビング10という方式で著作権保護されており、コピーの回数に制限があるので、注意が必要です。

> 原則として、録画したときのパソコン以外では再生できません。

アナログビデオキャプチャ

アナログ放送やVHSビデオをキャプチャするには、アナログビデオキャプチャカード（USB接続タイプもあり）を使います。

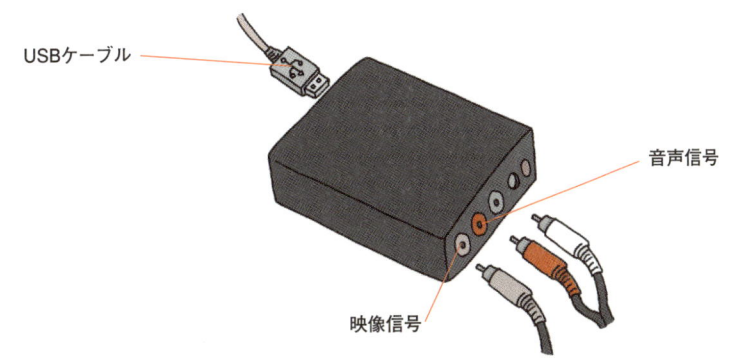

- USBケーブル
- 音声信号
- 映像信号

パソコン出来事表

日本のパソコンに関連する出来事を、1980年ごろから簡単に紹介していきます。

年	月	出来事
1974	12	初の一般向けコンピュータ Altair 8800 が、米国の MITS（Micro Instrumentation and Telemetry Systems）社から発売される。CPU は Intel 8080（8bit/2MHz）。
1977	4	米 apple が個人向けコンピュータ Apple II を発売。キーボードや画像出力インターフェースなどを当初から備えていた。CPU は MOS 6502（8bit/1MHz）。
1979	5	NEC から PC-8001 発売。このころから一般向けパソコンが次々に発売され始める。この当時のスペックは、CPU は 8bit/4MHz。メモリは 64KB、おもな保存メディアはカセットテープであった。
1981	11	NEC から PC-8801 発売。ディスプレイ解像度は 640×200/8 色または 640×400/2 色。
1982	10	NEC から PC-9801 発売。CPU は 16bit/5MHz、メモリは 640KB、ディスプレイ解像度は 640×400/8 色。以後、同シリーズが日本のパソコンの主流となる。
1983	6	米 Microsoft とアスキーが MSX 規格を発表。以後、安価な家庭向けのパソコンとして家電メーカーなどから MSX 規格のパソコンが発売される。
1983	10	NEC から PC-9801F 発売。CPU は 16bit/8MHz。5 インチ 2DD（640KB）フロッピードライブ搭載。
1984	1	apple から初代 Macintosh 発売。モトローラの 68000 系 CPU（MPU）搭載。
1984	3	Microsoft から MS-DOS 2.11 発売。DOS はフロッピーディスクの制御機能を持った文字ベースの基本ソフト。
1984	8	Microsoft から MS-DOS 3.0 発売。2HD をサポート。
1985	5	NEC から PC-9801U 発売。3.5 インチ 2DD フロッピードライブ搭載。
1985	6	Microsoft が米国で Windows 1.0 発売。
1985	7	NEC から PC-9801VM 発売。5 インチ 2HD（1.2MB）フロッピードライブ搭載。
1985	12	株式会社翔泳社創立
1986	4	パソコン通信大手 NIFTY-Serve がサービス開始。このころからパソコン通信ブーム。日本各地のアクセスポイントにモデムで接続する形態。通信速度は 300bps から始まり、1997 年ごろには 56Kbps に達した。
1986	5	NEC から PC-9801UV 発売。3.5 インチ 2HD フロッピードライブ搭載。

年	月	出来事
1986	10	NECからPC-9801VX発売。CPUに80286搭載。
1988	4	NTTがISDN接続サービス「INS64」を開始。64は通信速度の64Kbpsから。
1988	7	NECからPC-9801RA発売。32bitCPUである80386 16MHzなどを搭載。
1988	9	MicrosoftからWindows 2.0発売。640KB以上のメモリが利用できるようになった。
1989	11	NECからPC-9801N発売。ノートパソコンの草分け。
1990	12	株式会社アンク創立
1990	ごろ	世界標準のIBM PC/AT互換機で日本語をソフトウェアで表示するDOS/Vが登場。
1991	2	MicrosoftからWindows 3.0発売。疑似マルチタスクに対応。
1991	6	MicrosoftからMS-DOS 5.0発売。DOSでも640KB以上のメモリが利用できるようになった。
1992	-	東芝からDynaBook V486-XS発売。256色表示のTFTカラー液晶を搭載した世界初のノートPC。
1993	1	NECからPC-9821Aシリーズ発売。PC-9821はPC9801の上位互換機種。CPUに80486 66MHzなどを搭載。
1993	1	NCSAがMosaicを公開。世界初のグラフィカルなWebブラウザ。
1993	3	MicrosoftからMS-DOS 6.0発売。単体発売のMS-DOSでは最終版。
1993	5	MicrosoftからWindows 3.1発売。普及が急速に進む。
1994	3	appleからPower Macintoshシリーズ（後にPower Mac）発売。CPUにPowerPCを採用。
1994	7	NECからPC-9821Xシリーズ発売。CPUにPentium 90MHz搭載。PCIバスを搭載。
1994	12	Netscape Communications社がNetscape Navigator公開。以降、Webブラウザの標準になり、インターネット普及の一端を担う。
1995	11	MicrosoftからWindows 95発売。3.1の後継。エクスプローラーなど現在に通じるUIになる。
1995	11	MicrosoftがInternet Explorer 2公開。IEシェア拡大の第一歩。
1996	4	Yahoo! JAPANがサービス開始。
1996	11	パナソニックから初のDVD-ROM搭載パソコン発売。
1996	12	MicrosoftからWindows NT 4.0発売。OS基本部分であるカーネルが3.1とは異なり、動作が安定していた。
1997	9	パイオニアから初のDVD-Rドライブが登場。

年	月	内容
1997	10	NEC から PC98NX シリーズ発売。PC-9821 のアーキテクチャを捨て、PC/AT 互換機になる。
1997	-	Stilesoft 社 NetCaptor 公開。世界初のタブブラウザ。
1998	4	初の DVD-RAM ドライブが登場。
1998	4	プライバシーマーク付与開始。個人情報を適切に取り扱っている組織を、財団法人日本情報処理開発協会（JIPDEC）が一定の基準で認定し、付与する。
1998	7	Microsoft から Windows 98 発売。95 の後継。
1998	8	apple から iMac シリーズ発売。スケルトン仕様の CRT ディスプレイ一体型パソコンが大人気に。
1998	-	Google ホームページが設立。
1999	9	Microsoft から Windows 98 SE（Second Edition）発売。USB や DVD に本格対応。
1999	11	NIFTY-Serve が＠nifty に統合。インターネット接続サービス開始。このころから一般家庭へインターネットが普及し始める。
1999	ごろ	Internet Explorer と Netscape Navigator が 2 大ブラウザとして熾烈なシェア争いを繰り広げる。Internet Explorer が Netscape Navigator のシェアを超える。
2000	2	Microsoft から Windows 2000 発売。NT の後継。
2000	2	「不正アクセス行為の禁止等に関する法律」施行。コンピュータの不正利用を禁止し、罰則等を定める。通称「不正アクセス禁止法」。
2000	3	AMD Athron CPU の動作クロックが 1GHz に到達。
2000	9	Microsoft から Windows ME（Millenium Edition）発売。Windows 98 ベースの最終版。
2000	11	Amazon.com の日本語版サイト（Amazon.co.jp）運営開始。
2000	12	NTT が ADSL 常時接続サービス「フレッツ ADSL」開始。通信速度は当初 1.5Mbps 程度。このころからブロードバンドの時代。
2001	4	「国等による環境物品等の調達の推進等に関する法律」施行。国等の機関にグリーン購入を義務づけ、地方公共団体や事業者や国民にもグリーン購入に努めることを求める。通称「グリーン購入法」。
2001	8	NTT が FTTH（光）常時接続サービス「B フレッツ」開始。最大 100Mbps。
2001	10	apple が iPod を発表。いわゆる第 1 世代。Mac のみに対応。
2001	11	Microsoft から Windows XP 発売。2000 の後継。ロングヒットとなる。
2002	3	絵本シリーズ 第 1 弾『C の絵本』発売。

年	月	出来事
2002	7	「特定電子メールの送信の適正化等に関する法律」施行。利用者の同意を得ずに広告や勧誘の電子メールを送信する際の義務等を規定。通称「迷惑メール防止法」。
2002	11	ハイパースレッディング対応 Pentium 4 が発売。動作クロックが 3GHz 突破。
2003	3	「資源の有効な利用の促進に関する法律」改正。不要になった家庭用パソコンとディスプレイの回収および再資源化が、パソコンメーカーに義務付けられる。通称「パソコンリサイクル法」。
2003	5	「個人情報の保護に関する法律」成立（一部即日施行）。個人情報取扱事業者に対し、個人情報の安全な取り扱いについての指針が示される。通称「個人情報保護法」。
2003	ごろ	液晶ディスプレイの低価格化が進み、CRT からの置き換えが進む。
2004	2	ソーシャルネットワークサービスの mixi サービス開始。
2004	10	Logicool より初のレーザー読み取り式マウスが登場。
2005	4	Intel と AMD が初のデュアルコアプロセッサを発売。
2006	1	apple がインテル製 CPU（Core2Duo）を採用。
2006	6	パナソニックから初の Blu-ray ドライブ発売。
2006	11	Microsoft が Internet Explorer 7 公開。ほかのメジャーなブラウザ同様、タブブラウジング機能を持つブラウザとなる。
2007	1	Microsoft から Windows Vista 発売。UI が一新され、現在とほぼ同じになる。
2007	3	1TB の HDD が発売。
2008	3	AOL 社が Netscape の開発とサポート終了。1990 年代後半のブラウザ戦争の主役の終焉。
2008	4	Twitter 日本語版サービス開始。
2008	12	Google 社が Google Chrome を公開。新しい Web ブラウザ。動作の軽快さ、シンプルな外観が特徴。
2009	10	Microsoft から Windows 7 発売。

さくいん

<記号・数字>

- 10進数 ... xix
- 1次キャッシュメモリ ... 9
- 2HD ... 54
- 2ウェイ ... 103
- 2次キャッシュメモリ ... 9
- 2進数 ... xix
- 32ビットCPU ... 2, 11
- 3DMark Vantage ... 97
- 3DNow! ... 16
- 3Dゲーム ... 106
- 3Dベンチマークソフト ... 97
- 64ビットCPU ... 2, 11
- 80286 ... 22
- 8086 ... 22

<A>

- AAC ... 71
- ADFスキャナ ... 144
- ADSL ... 87
- AGP ... 93
- Altair 8800 ... 26, 152
- Amazon.com ... 154
- AMD ... 24
- Apple Ⅱ ... 152
- Apple Lossless ... 71
- AT ... xvi
- ATA ... 41, 44
- Athlon ... 24
- ATRAC ... 71
- ATX ... xvi
- A版 ... 142

<B>

- B ... xx
- Blu-ray Disc ... 57, 66
  - BDAV ... 67
  - BD-MV ... 66
  - BD-R ... 67
  - BD-RE ... 67
  - BD-ROM ... 66
  - BD-Video ... 66
- Bluetooth ... 88
- bps ... 86
- B版 ... 142
- Bフレッツ ... 154

<C>

- CATVインターネット ... 87
- CCD ... 145
- CD ... 58
  - CD-DA ... 59
  - CD-R ... 60
  - CD-ROM ... 56, 59
  - CD-RW ... 60
- Celeron ... 23
- CIS ... 145
- CMYK ... 138
- Core 2 ... 25
- Core i ... 25
- CPU ... xiii, 2, 4
  - CPUキャッシュ ... 9
  - CPUクーラー ... 19
  - CPUクロック ... 13

<D>

- DDR ... 33
- decode ... 5
- DIMM ... 33
- DLNA ... 104
- DOS/V ... 153
- dpi ... 131, 137, 146
- DRAM ... 32
- DVD ... 57, 62
  - DVD+R ... 65
  - DVD+RW ... 65
  - DVD-R ... 64
  - DVD-RAM ... 65
  - DVD-ROM ... 62
  - DVD-RW ... 64
  - DVD-Video ... 62
- DVI端子 ... 95
- D端子 ... 95

<E>

- ENIAC ... ix
- Excel ... 37, 51
- execute ... 5
- ExpressCard ... 121

<F>

- FDD ... 54
- fetch ... 5
- Firefox ... 37, 51
- FLAC ... 71
- Flash SSD ... 73
- FlexATX ... xvi
- FLOPS ... 14

FSB	12

\<G\>

G	xxi
GIF	71
Google	154
GPU	92

\<H\>

HDD	40
HDMI端子	95
Huffyuv	71
Hz	13

\<I\>

IC	6
ICH	20
IDE	44, 69, 118
IEEE 1284	119
IEEE 1394	110, 116, 118
IEEE 802.1	84
INS64	153
Intel	22, 152
─ Intel386	22
─ Intel486	22
─ Intel8080	152
Internet Explorer	37, 51
ipm	140
iPod	154
IPS方式	108
IPアドレス	83
IrDA	88, 118
ISDN	87

\<J\>

JEIDA	110
JIPDEC	154
JIS	xxii
JISカナ配列	128
JPEG	50, 71

\<K\>

K	xxi

\<L\>

LAN	76, 82
LANケーブル	80
LSI	7

\<M\>

M	xxi
Macintosh	152
MCH	20
MicroATX	xvi
microSD	73
Microsoft Office	51
Mini-ITX	xvi
miniSD	73
MIPS	14
MMX	16, 23
Mosaic	153
Motion JPEG	71
MOディスク	72, 74
MP3	71
MPEG	71
MS-DOS	152
MSX	152

\<N\>

NAS	105
Netscape Navigator	153
NIFTY-Serve	152, 154

\<O\>

OS	xvii

\<P\>

PC/AT	90
PC-8001	152
PCI	93
PCI Express	93
PCMCIA	110
PCカード	110, 120
PCカメラ	148
Pentium	23
Phenom II	25
Photoshop Elements	36, 51
PNG	71
ppi	137
ppm	140
PS/2	123, 125

\<Q\>

QWERTY配列	128

\<R\>

RAM	30
RealVideo	71

RGB	138	— Windows XP	36, 50
RJ45	80	WMA	71
ROM	31	WMV	71
rpm	47	Word	37, 51
RS-232C	118, 119	write back	5
		WXGA	94

\<S\>

S/PDIF	99		

\<X\>

SATA	44	x86ファミリー	22
SCSI	45, 118, 145	x86命令セット	16
SDHCメモリカード	73	xDピクチャーカード	31
SDXCメモリカード	73	XGA	94
SDメモリカード	31, 73		
SIMD	16		

\<あ\>

SPD	32	アーム	43
SSE	16	アナログディスク	74
		アナログビデオキャプチャカード	151

\<T\>

		アプリケーション	xvii, xviii
T	xxi	アルゴリズム	70
TN方式	108	アンプ内蔵スピーカー	102
TPD	18	イーサネットケーブル	80
Twitter	155	イーサネットコンバータ	85
		イエロー	138

\<U\>

		イメージスキャナ	144
ULSI	7	イメージセンサ	124
USB	110, 112, 118, 145	インクジェットプリンタ	133, 133
— USB 2.0	114	インクリボン	132
— USB 3.0	114	インクリメンタルライト	61
— USB DAC	101, 107	印刷速度	140
— USBコネクタ	115	印字ヘッド	132
— USB接続型スピーカー	103	インターネット	82
— USBバスパワー	112	インターフェース	44
— USBハブ	114	インパクト式プリンタ	130, 132
— USBメモリ	31, 73	ウィンドウアクセラレータ	90
		液晶ディスプレイ	94, 108, 155

\<V\>

		演算装置	x
VA方式	108	オーディオインターフェース	91, 100
VCD	59	オーディオカード	98
VGA	94, 95	オペレーティングシステム	xvii
VLSI	7	親指シフト配列	128
VRAM	92, 96	オンボードグラフィック機能	93

\<W\>

\<か\>

Webカメラ	149	解像度	94, 131, 136, 146
Windows	152	外部記憶装置	113
— Windows 7	36, 50, 155	外部クロック	12
— Windows Liveメール	37	可逆圧縮	70
— Windows Media Player	37, 105	拡張3DNow!	16
— Windows Vista	36, 50	拡張性	xi

カセットテープ	54	サウスブリッジ	20
仮想メモリ	35	サウンドカード	91, 98
かな入力	128	サウンドボード	98
カナモジタイプライタ	128	撮像素子	145
画面解像度	136	サンプリング周波数	98, 101
画面のプロパティ	136	シアン	138
感光ドラム	133	シークタイム	46
顔料系インク	139	磁気ディスク	43, 74
キーボード	111, 122, 128	磁気ヘッド	40, 43
－キーストローク	122	シャドウベイ	xiv
－キートップ	122	主記憶装置	30, 42
－キーピッチ	122	出力装置	x
－キーボードの種類	123	ジョイスティック	127
記憶装置	x	シリアルATA	41, 44, 69
揮発性メモリ	28	シリアル転送	110, 118
基本ソフトウェア	xvii	シリアルプリンタ	130, 134
キャッシュ	47	シリンダ	43
キャッシュメモリ	9	新JIS配列	128
キャプチャ	150	シングルコア	2, 8
筐体	xiv	シングルコーン	103
切り欠き	32	水晶発信機	12
クアッドコア	8	水冷式CPUクーラー	19
グラフィックアクセラレータカード	92	スーパーマルチドライブ	68
グラフィックカード	92	スター型	82, 117
グリーン購入法	154	スタンドアロン	76
クリック	124	ストレートケーブル	80
クロスケーブル	80	スピーカー	102
クロック	3, 12	スピーカーユニット	103
－クロックジェネレータ	12	スピンドルモーター	43
－クロック周波数	3, 13	スマートメディア	31
ケース	xiv, 74	スワップ	29, 35
ゲームパッド	127	制御装置	x
結晶状態	61	赤外線	88
現像	133	セクタ	43, 46
コア	8	染料系インク	139
光学式マウス	124	ソフトウェア	xvii
光学ドライブ	xiii		
コーデック	70	<た>	
個人情報保護法	155	ターミネータ	45
コピーガード	59	ダイ	2, 8
コンパクトディスク	56, 58	帯電	133
コンパクトフラッシュ	31	タッチパッド	126
コンピュータ	ix	タッチパネル	127
－コンピュータネットワーク	76	ダビング10	151
－コンピュータの5大装置	x	タワー型	xi
コンボドライブ	68	チップ	6
		チップセット	xv, 3, 20
<さ>		チャールズ・バベッジ	ix
サーチタイム	46	頂点シェーダ	97

ツリー型	117	ハーラル・ブラッタン	88
デイジーチェーン	45, 117	ハイカラー	96
ディスクアットワンス	61	バイト	xix, xx
ディスクキャッシュ	47	ハイパースレッディング	17
ディスプレイ	94	ハイパーマルチドライブ	68
定着	133	ハイビジョン	57, 94
データベース	53	バケットライト	60
デジタルノイズ	100	バス	10
デスクトップ型	xi, 48	パソコン	ix
デフラグ	49	─ パソコン通信	152
デュアルコア	8, 155	─ パソコンリサイクル法	155
デュアルチャネル	38	パッケージ	8, 32
テレビチューナーカード	150	ハブ	83
電源ユニット	xiv	パラレル転送	110, 118
電子計算機	ix	パワードスピーカー	102
転写	133	反射型	145
透過型	145	ハンディスキャナ	144
同期	12	ヒートシンク	19
ドット	136	ヒートパイプ	19
ドットインパクトプリンタ	132	ビープ音	91
ドライブベイ	xiv	非可逆圧縮	70
トラック	43	光通信	87
ドラッグ＆ドロップ	124	光ディスク	74
トラックボール	126	光ディスクドライブ	68
ドラムスキャナ	144	光デジタル	99
トランジスタ	2, 6	ピクセル	136
		─ ピクセルシェーダ	97
＜な＞		─ ピクセル数	94
内部クロック	13	ビジコン	26
ナノ秒	14	ビット	xix
ナローバンド	87	─ ビット数	26
日本工業規格	xxii	─ ビットマップ	50
日本電子工業振興協会	110	ビット	58
入力装置	x	ビデオCD	59
熱設計電力	18	ビデオカード	90, 92
ネットブック	xii	ファイナライズ	61
ネットワーク	76	ファン	19
─ ネットワークアタッチストレージ	105	フィルレート	97
─ ネットワークインターフェース	78	フォノイコライザー機能	107
─ ネットワークカード	78	不揮発性メモリ	28
─ ネットワークケーブル	80	不正アクセス禁止法	154
ノースブリッジ	20	浮動小数点演算	14
ノートパソコン	xi, xii, 48	ブラウン管	94
ノンインパクト式プリンタ	130, 133	プラグアンドプレイ	112
		ブラック	138
＜は＞		フラッシュメモリ	31
パーソナルコンピュータ	ix	プラッタ	40, 43
ハードウェア	xvii	フラットベッド型	144
ハードディスク	xiii, 40, 42	プリメインアンプ	107

プリンタ ································· 130, 132
ブルーレイディスク ······················· 57, 66
フルカラー ······································ 96
フルタワー型 ···································· xi
フレッツADSL ································ 154
ブロードバンド ································ 87
プログラム ···································· xvii
フロッピーディスク ······················ 54, 72
フロッピードライブ ························ 152
ベイ ··· xiv
ペイント ·· 37
ページプリンタ ······················ 130, 135
ベースクロック ································ 12
ヘキサコア ······································ 25
偏光板 ··· 108
ポインティングスティック ················ 127
ボール式マウス ······························ 125
補助記憶装置 ······························ 28, 42
補助単位 ······································· xxi
ホットプラグ ································· 112
ポリカーボネート ····························· 58

<ま>
マイク ·· 99
マイクロコンピュータ ························ ix
マイクロ秒 ······································ 14
マイクロプロセッサ ·························· 26
マイコン ································· ix, 124
マウス ··· 111
 － マウスカーソル ······················ 124
 － マウスポインタ ················ 124, xv
マザーボード ·································· xiii
マゼンタ ··································· 138, 8
マルチコア ······································· 2
マルチディスプレイ ························ 106
マルチドライブ ································ 68
ミドルタワー型 ································· xi
ミニタワー型 ···································· xi
ミリ秒 ····································· 14, 87
無線LAN ······································· 84
無線通信 ·· 76
命令セット ······································ 16
迷惑メール防止法 ···························· 155
メモリ ································ xiii, 28, 30
 － メインメモリ ·························· 30
 － メモリIC ······························· 32
 － メモリーカード ······················· 31
 － メモリースティック ·················· 31
 － メモリコントローラ ·················· 21
 － メモリスロット ······················· 38
 － メモリモジュール ···················· 33
モアレ ··· 147
モデム ··· 152
モニタ ··· 94
モンスターハンターフロンティアオンライン ······ 37

<や>
ユーザー入力装置 ····················· 113, 80
有線通信 ·· 76

<ら>
ライティングソフト ·························· 61
ライブカメラ ································· 149
ラップトップ ···································· xii
ラバーカップ ································· 122
ランド ··· 58
リピータハブ ································· 117
ルータ ··· 83
ルーティング ··································· 83
冷却装置 ·· 18
レーザー式マウス ····················· 124, 135
レーザープリンタ ··························· 133
レコード ·· 74
レジスタ ·· 5
ロータリーエンコーダ ····················· 125
ローマ字入力 ································· 128
露光 ·· 133

<わ>
ワイヤレスマウス ··························· 125
ワンセグチューナー ························ 151

[著者紹介]

(株)アンク (http://www.ank.co.jp/)

ソフトウェア開発から、Web サイト構築・デザイン、書籍執筆まで幅広く手がける会社。著書に絵本シリーズ『C の絵本』『TCP/IP の絵本』『Perl の絵本』『インターネット技術の絵本』ほか、辞典シリーズ『HTML タグ辞典』『スタイルシート辞典』『JavaScript 辞典』『ホームページ辞典』ほか（すべて翔泳社刊）など多数。

■ 書籍情報はこちら ・・・・・・http://books.ank.co.jp/
■ 絵本シリーズの情報はこちら ・・・http://books.ank.co.jp/books/ehon.html
■ 翔泳社書籍に関するご質問・・・・・・http://www.seshop.com/book/qa/

執筆	春田 慶、前田 清一、高橋 誠
執筆協力	繰上 敬子
イラスト	小林 麻衣子

装丁・本文デザイン	嶋 健夫
DTP	株式会社 アズワン
協力	CFD販売株式会社
	インテル株式会社
	日本AMD株式会社

パソコンの仕組みの絵本
パソコンの実力がわかる9つの扉

2010 年 9 月 1 日 初版第 1 刷発行
2015 年 7 月 10 日 初版第 3 刷発行

著　者	株式会社アンク（かぶしきがいしゃあんく）
発行人	佐々木 幹夫
発行所	株式会社 翔泳社 (http://www.shoeisha.co.jp/)
印刷・製本	株式会社シナノ

©2010 ANK Co., Ltd

本書は著作権法上の保護を受けています。本書の一部または全部について（ソフトウェアおよびプログラムを含む）、株式会社 翔泳社から文書による許諾を得ずに、いかなる方法においても無断で複写、複製することは禁じられています。

本書へのお問い合わせについては、ii ページに記載の内容をお読みください。

乱丁・落丁はお取り替えいたします。03-5362-3705 までご連絡ください。

ISBN978-4-7981-2252-6　　　　Printed in Japan